石油企业岗位练兵手册

射孔弹制造工

大庆油田有限责任公司　编

石 油 工 业 出 版 社

内容提要

本书采用问答形式，对射孔弹制造工需要掌握的知识和技能进行了详细介绍，主要内容分为基本素养、基础知识、基本技能三部分。基本素养包括企业文化、发展纲要和职业道德等内容，基础知识包括与射孔弹制造工岗位密切相关的专业知识和 HSE 知识等内容，基本技能包括操作技能和常见故障判断处理等内容。本书内容丰富翔实，紧贴生产操作实际，易于查阅，问答条理清晰，逻辑性强。本书适合射孔弹制造工阅读使用。

图书在版编目（CIP）数据

射孔弹制造工 / 大庆油田有限责任公司编 .—北京：石油工业出版社，2023.9

（石油企业岗位练兵手册）

ISBN 978-7-5183-6283-7

Ⅰ.①射… Ⅱ.①大… Ⅲ.①射孔弹－制造－技术手册 Ⅳ.① TE925-62

中国国家版本馆 CIP 数据核字（2023）第 169245 号

出版发行：石油工业出版社

（北京市朝阳区安华里 2 区 1 号楼 100011）

网 址：www.petropub.com

编辑部：（010）64523602

图书营销中心：（010）64523633

经 销：全国新华书店

印 刷：北京中石油彩色印刷有限责任公司

2023 年 9 月第 1 版 2023 年 9 月第 1 次印刷

880×1230 毫米 开本：1/32 印张：5

字数：125 千字

定价：36.00 元

前言

岗位练兵是大庆油田的优良传统，是强化基本功训练、提升员工素质的重要手段。新时期、新形势下，按照全面加强“三基”工作的有关要求，为进一步强化和规范经常性岗位练兵活动，切实提高基层员工队伍的基本素质，按照“实际、实用、实效”的原则，大庆油田有限责任公司人事部组织编写、修订了基层员工《石油企业岗位练兵手册》丛书。围绕提升政治素养和业务技能的要求，本套丛书架构分为基本素养、基础知识、基本技能三部分，基本素养包括企业文化（大庆精神铁人精神、优良传统）、发展纲要和职业道德等内容；基础知识包括与工种岗位密切相关的专业知识和HSE知识等内容；基本技能包括操作技能和常见故障判断处理等内容。本套丛书的编写，严格依据最新行业规范和技术标准，同时充分结合目前专业知识更新、生产设备调整、操作工艺优化等实际情况，具有突出的实用性和规范性的特点，既能作为基层开展岗位练兵、提高业务技能的实用教材，也可以作为员工岗位自学、单位开展技能竞赛的参考资料。

希望各单位积极应用，充分发挥本套丛书的基础性作用，持续、深入地抓好基层全员培训工作，不断提升员工队伍整体素质，为实现公司科学发展提供人力资源保障。同时，希望各单位结合本套丛书的应用实践，对丛书的修改完善提出宝贵意见，以便更好地规范和丰富丛书内容，为基层扎实有效地开展岗位练兵活动提供有力支撑。

大庆油田有限责任公司人事部

2023 年 4 月 28 日

目录

第一部分　基本素养

第二部分　基础知识

第三部分 基本技能

第一部分 基本素养

企业文化

（一）名词解释

1. 石油精神：石油精神以大庆精神铁人精神为主体，是对石油战线企业精神及优良传统的高度概括和凝练升华，是我国石油队伍精神风貌的集中体现，是历代石油人对人类精神文明的杰出贡献，是石油石化企业的政治优势和文化软实力。其核心是“苦干实干”“三老四严”。

2. 大庆精神：为国争光、为民族争气的爱国主义精神；独立自主、自力更生的艰苦创业精神；讲究科学、“三老四严”的求实精神；胸怀全局、为国分忧的奉献精神，凝练为“爱国、创业、求实、奉献”8个字。

3. 铁人精神：“为国分忧、为民族争气”的爱国主义精神；“宁肯少活二十年，拼命也要拿下大油田”的忘我拼搏精神；“有条件要上，没有条件创造条件也要上”的艰苦奋斗精神；“干工作要经得起子孙万代检查”“为革命练一身硬功夫、真本事”的科学求实精神；“甘愿为党和人民当一辈子老黄牛”、埋头苦干的无私奉献精神。

4. 三超精神：超越权威，超越前人，超越自我。

5. 艰苦创业的六个传家宝：人拉肩扛精神，干打垒精神，五把铁锹闹革命精神，缝补厂精神，回收队精神，修旧利废精神。

6. 三要十不：“三要”：一要甩掉石油工业的落后帽子；二要高速度、高水平拿下大油田；三要在会战中夺冠军，争取集体荣誉。“十不”：第一，不讲条件，就是说有条件要上，没有条件创造条件上；第二，不讲时间，特别是工作紧张时，大家都不分白天黑夜地干；第三，不讲报酬，干啥都是为了革命，为了石油，而不光是为了个人的物质报酬而劳动；第四，不分级别，有工作大家一起干；第五，不讲职务高低，不管是局长、队长，都一起来；第六，不分你我，互相支援；第七，不分南北东西，就是不分玉门来的、四川来的、新疆来的，为了大会战，一个目标，大家一起上；第八，不管有无命令，只要是该干的活就抢着干；第九，不分部门，大家同心协力；第十，不分男女老少，能干什么就干什么、什么需要就干什么。这“三要十不”，激励了几万职工团结战斗、同心协力、艰苦创业，一心为会战的思想和行动，没有高度觉悟是做不到的。

7. 三老四严：对待革命事业，要当老实人，说老实话，办老实事；对待工作，要有严格的要求，严密的组织，严肃的态度，严明的纪律。

8. 四个一样：对待革命工作要做到，黑天和白天一个样，坏天气和好天气一个样，领导不在场和领导在场一个样，没有人检查和有人检查一个样。

9. 思想政治工作“两手抓”：抓生产从思想入手，抓思想从生产出发。这是大庆人正确处理思想政治工作与经济工作关系的基本原则，也是大庆人思想政治工作的一条基本经验。

10. 岗位责任制管理：大庆油田岗位责任制，是大庆石油会战时期从实践中总结出来的一整套行之有效的基础管理方法，也是大庆油田特色管理的核心内容。其实质就是把全部生产任务和管理工作落实到各个岗位上，给企业每个岗位人员都规定出具体的任务、责任，做到事事有人管，人人有专责，办事有标准，工作有检查。它包括工人岗位责任制、基层干部岗位责任制、领导干部和机关干部岗位责任制。工人岗位责任制一般包括岗位专责制、交接班制、巡回检查制、设备维修保养制、质量负责制、岗位练兵制、安全生产制、班组经济核算制等 8 项制度；基层干部岗位责任制包括岗位专责制、工作检查制、生产分析制、经济活动分析制、顶岗劳动制、学习制度等 6 项制度；领导干部和机关干部岗位责任制包括岗位专责制、现场办公制、参加劳动制、向工人学习日制、工作总结制、学习制度等 6 项制度。

11. 三基工作：以党支部建设为核心的基层建设，以岗位责任制为中心的基础工作，以岗位练兵为主要内容的基本功训练。

12. 四懂三会：这是在大庆石油会战时期提出的对各行各业技术工人必备的基本知识、基本技能的基本要求，也是“应知应会”的基本内容。四懂即懂设备结构、懂设备原理、懂设备性能、懂工艺流程。三会即会操作、会维修保养、会排除故障。

13. 五条要求：人人出手过得硬，事事做到规格化，项项工程质量全优，台台在用设备完好，处处注意勤俭节约。

14. 会战时期“五面红旗”：王进喜、马德仁、段兴枝、薛国邦、朱洪昌。

15. 新时期铁人：王启民。

16. 大庆新铁人：李新民。

17. 新时代履行岗位责任、弘扬严实作风“四条要求”：要人人体现严和实，事事体现严和实，时时体现严和实，处处体现严和实。

18. 新时代履行岗位责任、弘扬严实作风“五项措施”：开展一场学习，组织一次查摆，剖析一批案例，建立一项制度，完善一项机制。

（二）问答

1. 简述大庆油田名称的由来。

1959 年 9 月 26 日，新中国成立十周年大庆前夕，位于黑龙江省原肇州县大同镇附近的松基三井喷出了具有工业价值的油流，为了纪念这个大喜大庆的日子，当时黑龙江省委第一书记欧阳钦同志建议将该油田定名为大庆油田。

2. 中共中央何时批准大庆石油会战？

1960 年 2 月 13 日，石油工业部以党组的名义向中共中央、国务院提出了《关于东北松辽地区石油勘探情况和今后部署问题的报告》。1960 年 2 月 20 日中共中央正式批准大庆石油会战。

3. 什么是“两论”起家?

1960 年 4 月 10 日，大庆石油会战一开始，会战领导小组就以石油工业部机关党委的名义作出了《关于学习毛泽东同志所著〈实践论〉和〈矛盾论〉的决定》，号召广大会战职工学习毛泽东同志的《实践论》《矛盾论》和毛泽东同志的其他著作，以马列主义、毛泽东思想指导石油大会战，用辩证唯物主义的立场、观点、方法，认识油田规律，分析和解决会战中遇到的各种问题。广大职工说，我们的会战是靠“两论”起家的。

4. 什么是“两分法”前进?

即在任何时候，对任何事情，都要用“两分法”，形势好的时候要看到不足，保持清醒的头脑，增强忧患意识，形势严峻的时候更要一分为二，看到希望，增强发展的信心。

5. 简述会战时期“五面红旗”及其具体事迹。

“五面红旗”喻指大庆石油会战初期涌现的五位先进榜样：王进喜、马德仁、段兴枝、薛国邦、朱洪昌。钻井队长王进喜带领队伍人拉肩扛抬钻机，端水打井保开钻，在发生井喷的危急时刻，奋不顾身跳下泥浆池，用身体搅拌泥浆制服井喷。钻井队长马德仁在泥浆泵上水管线冻结时，不畏严寒，破冰下泥浆池，疏通上水管线。钻井队长段兴枝在吊车和拖拉机不足的情况下，利用钻机本身的动力设施，解决了钻机搬家的困难。大庆油田第一个采油队队长薛国邦自制绞车，给第一批油井清蜡，又手持蒸汽管下到油池里化开凝结的原油，保证了大庆油田首次原油外运列车顺利启程。工程队队长朱洪昌在供水管线漏水时，用手捂着漏点，忍着灼烧的疼痛，让焊工焊接裂缝，保证了供水工程提前竣工。

6. 大庆油田投产的第一口油井和试注成功的第一口水井各是什么？

1960年5月16日，大庆油田第一口油井中7-11井投产；1960年10月18日，大庆油田第一口注水井7排11井试注成功。

7. 大庆石油会战时期讲的“三股气”是指什么？

对一个国家来讲，就要有民气；对一个队伍来讲，就要有士气；对一个人来讲，就要有志气。三股气结合起来，就会形成强大的力量。

8. 什么是“九热一冷”工作法？

大庆石油会战中创造的一种领导工作方法。是指在1旬中，有9天“热”，1天“冷”。每逢十日，领导干部再忙，也要坐在一起开务虚会，学习上级指示，分析形势，总结经验，从而把感性认识提高到理性认识上来，使领导作风和领导水平得到不断改进和提高。

9. 什么是“三一”“四到”“五报”交接班法？

对重要的生产部位要一点一点地交接、对主要的生产数据要一个一个地交接、对主要的生产工具要一件一件地交接。交接班时应该看到的要看到、应该听到的要听到、应该摸到的要摸到、应该闻到的要闻到。交接班时报检查部位、报部件名称、报生产状况、报存在的问题、报采取的措施，开好交接班会议，会议记录必须规范完整。

10. 大庆油田原油年产5000万吨以上持续稳产的时间是哪年？

1976年至2002年，大庆油田实现原油年产5000万吨以上连续 27 年高产稳产，创造了世界同类油田开发史上的奇迹。

11. 大庆油田原油年产 4000 万吨以上持续稳产的时间是哪年？

2003 年至 2014 年，大庆油田实现原油年产 4000 万吨以上连续 12 年持续稳产，继续书写了“我为祖国献石油”新篇章。

12. 中国石油天然气集团有限公司企业精神是什么？

石油精神和大庆精神铁人精神。

13. 中国石油天然气集团有限公司的主营业务是什么？

中国石油天然气集团有限公司是国有重要骨干企业和全球主要的油气生产商和供应商之一，是集国内外油气勘探开发和新能源、炼化销售和新材料、支持和服务、资本和金融等业务于一体的综合性国际能源公司，在全球 32 个国家和地区开展油气投资业务。

14. 中国石油天然气集团有限公司的企业愿景和价值追求分别是什么？

企业愿景：建设基业长青世界一流综合性国际能源公司；

企业价值追求：绿色发展、奉献能源，为客户成长增动力、为人民幸福赋新能。

15. 中国石油天然气集团有限公司的人才发展理念是什么？

生才有道、聚才有力、理才有方、用才有效。

16. 中国石油天然气集团有限公司的质量安全环保理念是什么？

以人为本、质量至上、安全第一、环保优先。

17. 中国石油天然气集团有限公司的依法合规理念是什么？

法律至上、合规为先、诚实守信、依法维权。

二、发展纲要

（一）名词解释

1. 三个构建：一是构建与时俱进的开放系统；二是构建产业成长的生态系统；三是构建崇尚奋斗的内生系统。

2. 一个加快：加快推动新时代大庆能源革命。

3. 抓好“三件大事”：抓好高质量原油稳产这个发展全局之要；抓好弘扬严实作风这个标准价值之基；抓好发展接续力量这个事关长远之计。

4. 谱写“四个新篇”：奋力谱写“发展新篇”；奋力谱写“改革新篇”；奋力谱写“科技新篇”；奋力谱写“党建新篇”。

5. 统筹“五大业务”：大力发展油气业务；协同发展服务业务；加快发展新能源业务；积极发展“走出去”业务；特色发展新产业新业态。

6. “十四五”发展目标：实现“五个开新局”，即稳油增气开新局；绿色发展开新局；效益提升开新局；幸福生活开新局；企业党建开新局。

7. 高质量发展重要保障：思想理论保障；人才支持保障；基础环境保障；队伍建设保障；企地协作保障。

（二）问答

1. 习近平总书记致大庆油田发现60周年贺信的内容是什么？

值此大庆油田发现60周年之际，我代表党中央，向大庆油田广大干部职工、离退休老同志及家属表示热烈的祝贺，并致以诚挚的慰问！

60年前，党中央作出石油勘探战略东移的重大决策，广大石油、地质工作者历尽艰辛发现大庆油田，翻开了中国石油开发史上具有历史转折意义的一页。60年来，几代大庆人艰苦创业、接力奋斗，在亘古荒原上建成我国最大的石油生产基地。大庆油田的卓越贡献已经镌刻在伟大祖国的历史丰碑上，大庆精神、铁人精神已经成为中华民族伟大精神的重要组成部分。

站在新的历史起点上，希望大庆油田全体干部职工不忘初心、牢记使命，大力弘扬大庆精神、铁人精神，不断改革创新，推动高质量发展，肩负起当好标杆旗帜、建设百年油田的重大责任，为实现“两个一百年”奋斗目标、实现中华民族伟大复兴的中国梦作出新的更大的贡献！

2. 当好标杆旗帜、建设百年油田的含义是什么？

当好标杆旗帜——树立了前行标尺，是我们一切工作的根本遵循。大庆油田要当好能源安全保障的标杆、国企深化改革的标杆、科技自立自强的标杆、赓续精神血脉的标杆。

建设百年油田——指明了前行方向，是我们未来发展的奋斗目标。百年油田，首先是时间的概念，追求能源主业的升级发展，建设一个基业长青的百年油田；百年油田，也是空间的拓展，追求发展舞台的开辟延伸，建设一个走向世界的百年油田；百年油田，更是精神的赓续，追求红色基因的传承弘扬，建设一个旗帜高扬的百年油田。

3. 大庆油田 60 多年的开发建设取得的辉煌历史有哪些？

大庆油田 60 多年的开发建设，为振兴发展奠定了坚实基础。建成了我国最大的石油生产基地；孕育形成了大庆精神铁人精神；创造了世界领先的陆相油田开发技术；打造了过硬的“铁人式”职工队伍；促进了区域经济社会的繁荣发展。

4. 开启建设百年油田新征程两个阶段的总体规划是什么？

第一阶段，从现在起到 2035 年，实现转型升级、高质量发展；第二阶段，从 2035 年到本世纪中叶，实现基业长青、百年发展。

5. 大庆油田“十四五”发展总体思路是什么？

坚持以习近平新时代中国特色社会主义思想为指导，深入贯彻落实党的二十大精神，牢记践行习近平总书记重要讲话重要指示批示精神特别是“9·26”贺信精神，完整、准确、全面贯彻新发展理念，服务和融入新发展格局，立足增强能源供应链稳定性和安全性，贯彻落实国家“十四五”现代能源体系规划，认真落实中国石油天然气集团有限公司党组和黑龙江省委省政府部署要求，全面加强党的领导党的建设，坚持稳中求进工作总基调，突出高质量发展主题，遵循“四个坚持”兴企方略和“四化”治企准则，推进实施以抓好“三件大事”为总纲、以谱写“四个新篇”为实践、以统筹“五大业务”为发展支撑的总体战略布局，全面提升企业的创新力、竞争力和可持续发展能力，当好标杆旗帜、建设百年油田，开创油田高质量发展新局面。

6. 大庆油田“十四五”发展基本原则是什么？

坚持“九个牢牢把握”，即牢牢把握“当好标杆旗帜”这个根本遵循；牢牢把握“市场化道路”这个基本方向；牢牢把握“低成本发展”这个核心能力；牢牢把握“绿色低碳转型”这个发展趋势；牢牢把握“科技自立自强”这个战略支撑；牢牢把握“人才强企工程”这个重大举措；牢牢把握“依法合规治企”这个内在要求；牢牢把握“加强作风建设”这个立身之本；牢牢把握“全面从严治党”这个政治引领。

7. 中国共产党第二十次全国代表大会会议主题是什么？

高举中国特色社会主义伟大旗帜，全面贯彻新时代中国特色社会主义思想，弘扬伟大建党精神，自信自强、守正创新，踔厉奋发、勇毅前行，为全面建设社会主义现代化国家、全面推进中华民族伟大复兴而团结奋斗。

8. 在中国共产党第二十次全国代表大会上的报告中，中国共产党的中心任务是什么？

从现在起，中国共产党的中心任务就是团结带领全国各族人民全面建成社会主义现代化强国、实现第二个百年奋斗目标，以中国式现代化全面推进中华民族伟大复兴。

9. 在中国共产党第二十次全国代表大会上的报告中，中国式现代化的含义是什么？

中国式现代化，是中国共产党领导的社会主义现代化，既有各国现代化的共同特征，更有基于自己国情的中国特色。中国式现代化是人口规模巨大的现代化；中国式现代化是全体人民共同富裕的现代化；中国式现代化是物质文明和精神文明相协调的现代化；中国式现代化是人与自然和谐共生的现代化；中国式现代化是走和平发展道路的现代化。

10. 在中国共产党第二十次全国代表大会上的报告中，两步走是什么？

全面建成社会主义现代化强国，总的战略安排是分两步走：从二〇二〇年到二〇三五年基本实现社会主义现代化；从二〇三五年到本世纪中叶把我国建成富强民主文明和谐美丽的社会主义现代化强国。

11. 在中国共产党第二十次全国代表大会上的报告中，“三个务必”是什么？

全党同志务必不忘初心、牢记使命，务必谦虚谨慎、艰苦奋斗，务必敢于斗争、善于斗争，坚定历史自信，增强历史主动，谱写新时代中国特色社会主义更加绚丽的华章。

12. 在中国共产党第二十次全国代表大会上的报告中，牢牢把握的“五个重大原则”是什么？

坚持和加强党的全面领导；坚持中国特色社会主义道路；坚持以人民为中心的发展思想；坚持深化改革开放；坚持发扬斗争精神。

13. 在中国共产党第二十次全国代表大会上的报告中，十年来，对党和人民事业具有重大现实意义和深远意义的三件大事是什么？

一是迎来中国共产党成立一百周年，二是中国特色社会主义进入新时代，三是完成脱贫攻坚、全面建成小康社会的历史任务，实现第一个百年奋斗目标。

14. 在中国共产党第二十次全国代表大会上的报告中，坚持“五个必由之路”的内容是什么？

全党必须牢记，坚持党的全面领导是坚持和发展中国特色社会主义的必由之路，中国特色社会主义是实现中华民族伟大复兴的必由之路，团结奋斗是中国人民创造历史伟业的必由之路，贯彻新发展理念是新时代我国发展壮大的必由之路，全面从严治党是党永葆生机活力、走好新的赶考之路的必由之路。

三、职业道德

（一）名词解释

1. **道德**：是调节个人与自我、他人、社会和自然界之间关系的行为规范的总和。

2. **职业道德**：是同人们的职业活动紧密联系的、符合职业特点所要求的道德准则、道德情操与道德品质的总和。

3. **爱岗敬业**：爱岗就是热爱自己的工作岗位，热爱自己从事的职业；敬业就是以恭敬、严肃、负责的态度对待工作，一丝不苟，兢兢业业，专心致志。

4. **诚实守信**：诚实就是真心诚意，实事求是，不虚假，不欺诈；守信就是遵守承诺，讲究信用，注重质量和信誉。

5. **劳动纪律**：是用人单位为形成和维持生产经营秩序，保证劳动合同得以履行，要求全体员工在集体劳动、工作、生活过程中，以及与劳动、工作紧密相关的其他过程中必须共同遵守的规则。

6. **团结互助**：指在人与人之间的关系中，为了实现共同的利益和目标，互相帮助，互相支持，团结协作，共同发展。

（二）问答

1. 社会主义精神文明建设的根本任务是什么？

适应社会主义现代化建设的需要，培育有理想、有道德、有文化、有纪律的社会主义公民，提高整个中华民族的思想道德素质和科学文化素质。

2. 我国社会主义道德建设的基本要求是什么？

爱祖国、爱人民、爱劳动、爱科学、爱社会主义。

3. 为什么要遵守职业道德？

职业道德是社会道德体系的重要组成部分，它一方面具有社会道德的一般作用，另一方面它又具有自身的特殊作用，具体表现在：（1）调节职业交往中从业人员内部以及从业人员与服务对象间的关系。（2）有助于维护和提高本行业的信誉。（3）促进本行业的发展。（4）有助于提高全社会的道德水平。

4. 爱岗敬业的基本要求是什么？

（1）要乐业。乐业就是从内心里热爱并热心于自己所从事的职业和岗位，把干好工作当作最快乐的事，做到其乐融融。（2）要勤业。勤业是指忠于职守，认真负责，刻苦勤奋，不懈努力。（3）要精业。精业是指对本职工作业务纯熟，精益求精，力求使自己的技能不断提高，使自己的工作成果尽善尽美，不断地有所进步、有所发明、有所创造。

5. 诚实守信的基本要求是什么？

（1）要诚信无欺。（2）要讲究质量。（3）要信守合同。

6. 职业纪律的重要性是什么？

职业纪律影响企业的形象，关系企业的成败。遵守职业纪律是企业选择员工的重要标准，关系到员工个人事业成功与发展。

7. 合作的重要性是什么？

合作是企业生产经营顺利实施的内在要求，是从业人员汲取智慧和力量的重要手段，是打造优秀团队的有效途径。

8. 奉献的重要性是什么？

奉献是企业发展的保障，是从业人员履行职业责任的必由之路，有助于创造良好的工作环境，是从业人员实现职业理想的途径。

9. 奉献的基本要求是什么？

（1）尽职尽责。要明确岗位职责，培养职责情感，全力以赴工作。（2）尊重集体。以企业利益为重，正确对待个人利益，树立职业理想。（3）为人民服务。树立为人民服务的意识，培育为人民服务的荣誉感，提高为人民服务的本领。

10. 企业员工应具备的职业素养是什么？

诚实守信、爱岗敬业、团结互助、文明礼貌、办事公道、勤劳节俭、开拓创新。

11. 培养“四有”职工队伍的主要内容是什么？

有理想、有道德、有文化、有纪律。

12. 如何做到团结互助？

（1）具备强烈的归属感。（2）参与和分享。（3）平等尊重。（4）信任。（5）协同合作。（6）顾全大局。

13. 职业道德行为养成的途径和方法是什么?

(1)在日常生活中培养。从小事做起，严格遵守行为规范；从自我做起，自觉养成良好习惯。(2)在专业学习中训练。增强职业意识，遵守职业规范；重视技能训练，提高职业素养。(3)在社会实践中体验。参加社会实践，培养职业道德；学做结合，知行统一。(4)在自我修养中提高。体验生活，经常进行“内省”；学习榜样，努力做到“慎独”。(5)在职业活动中强化。将职业道德知识内化为信念；将职业道德信念外化为行为。

14. 员工违规行为处理工作应当坚持的原则是什么?

(1)依法依规、违规必究；(2)业务主导、分级负责；(3)实事求是、客观公正；(4)惩教结合、强化预防。

15. 对员工的奖励包括哪几种?

奖励种类包括通报表彰、记功、记大功、授予荣誉称号、成果性奖励等。在给予上述奖励时，可以是一定的物质奖励。物质奖励可以给予一次性现金奖励（奖金）或实物奖励，也可根据需要安排一定时间的带薪休假。

16. 员工违规行为处理的方式包括哪几种?

员工违规行为处理方式分为：警示诫勉、组织处理、处分、经济处罚、禁入限制。

17.《中国石油天然气集团公司反违章禁令》有哪些规定?

为进一步规范员工安全行为，防止和杜绝“三违”现象，保障员工生命安全和企业生产经营的顺利进行，特制定本禁令。

一、严禁特种作业无有效操作证人员上岗操作；

二、严禁违反操作规程操作；

三、严禁无票证从事危险作业；

四、严禁脱岗、睡岗和酒后上岗；

五、严禁违反规定运输民爆物品、放射源和危险化学品；

六、严禁违章指挥、强令他人违章作业。

员工违反上述禁令，给予行政处分；造成事故的，解除劳动合同。

第二部分 基础知识

一、专业知识

（一）名词解释

1. **混粉**：按配方要求比例、工艺过程要求将不同的金属粉末混合成均匀粉材的过程。

2. **粉末罩压制**：将混合好的粉材装入模具，通过对模具进行加压、保压，得到所需结构及强度的粉末罩的过程。

3. **烘干**：通过对粉末罩进行加温、恒温，促使黏结剂固化，达到提高粉末罩强度的目的的过程。

4. **射孔弹压制**：将散粒状炸药及粉末罩通过压机和模具加压，将粉末罩压入壳体内，同时，使松散炸药被压实，达到一定装药密度的射孔弹生产方法。

5. **爆炸**：一种极为迅速的物理或化学的能量释放过程，包括物理爆炸、化学爆炸及核爆炸。

6. **聚能效应**：利用装药一端的空穴，以提高爆炸的局部破坏作用的效应，通常是指爆炸驱动飞片，向空穴的轴线汇聚，形成高能量密度的面、线和点的过程。

7. 炸高： 聚能炸药柱大口端面至目的靶之间的距离，单位为 mm。

8. 射孔弹压制压力： 进行射孔弹压制时，使射孔弹壳体中的松散炸药达到一定装药密度所需的压力。

9. 导爆索： 一种传递爆轰波的索状起爆器材。

10. 爆速： 爆轰在炸药药柱中传播的速度。

11. 松装密度： 在松散状态下，单位体积的材料的质量，单位为 g/cm^3。

12. 起爆率： 起爆弹数与试验弹数的比值的百分数。

13. 粒度： 粉材颗粒的大小，通常采用筛分析法进行测量，单位为目。

14. 粉末罩压制压力： 使粉末罩粉材形成一定强度的压坯所需的压力。

15. 保压时间： 为了消除内应力，保持压制压力的时间，单位为 s。

16. 壁厚差： 粉末罩壁厚的最大值与最小值的差，是粉末罩质量对称性的一种反映，是粉末罩的重要参数之一。

17. 封闭高度： 射孔弹壳体内壁传爆孔处到粉末罩顶部的距离，单位为 mm。

18. 罩顶厚： 粉末罩顶端的厚度。使用粉末罩顶厚仪进行测量，单位为 mm。

19. 压入深度： 粉末罩大口端压入射孔弹壳体的深度，单位为 mm。

20. 二次压制： 每压制一发射孔弹，压药凸模对粉末罩、炸药、壳体进行两次加压过程的射孔弹生产工艺。

21. 粉末罩振动工艺： 为使金属粉末振动装料压制成型，采用振动下料的方式，通过控制振动频率、振动次数和振幅等参数来调节重量和粉材分布的均匀性，使其达到设计需求的粉末罩生产工艺。

22. 振动次数：每压制一发粉末罩振动工装抬起的次数，可以通过振动压机控制面板上的振动次数调节器进行调节。

23. 背压：后端的压力，指流体在密闭空间沿其路径流动时，受到阻碍而被施加的与运动方向相反的压力。

24. 单锥粉末罩：母线由一个锥角组成的粉末罩，包括单锥等壁厚粉末罩、单锥变壁厚粉末罩。

25. 双锥粉末罩：母线由两段不同锥角的线段组成的粉末罩。考虑到粉末罩凸、凹模具的加工工艺及粉末罩的生产工艺，通常情况下粉末罩的外锥角仍为单锥，内锥角为双锥。

26. 三锥粉末罩：母线由三段不同锥角的线段组成的深穿透粉末罩。考虑到粉末罩凸、凹模具的加工工艺及粉末罩的生产工艺，通常情况下粉末罩的外锥角仍为单锥，内锥角为三锥。大孔径粉末罩的母线由三段不同锥角的线段组成，内锥角为三锥，外锥角也为三锥。

27. 变壁厚粉末罩：内外锥角不相同的粉末罩，一般内锥角小于外锥角，即罩小端薄一些，罩大端厚一些。

28. 等壁厚粉末罩：内外锥角相同的粉末罩称为等壁厚粉末罩。

29. 大孔径射孔器 (BH)：以追求穿孔孔径为目的的射孔器，一般穿孔孔径不小于14mm。

30. 深穿透射孔器 (DP)：以追求穿孔深度为目的的射孔器。

31. 大孔径深穿透射孔器 (GH)：同时具有深穿透和大孔

径特性的射孔器。

32. **公差**：实际尺寸的允许变化量。

33. **射孔间隙**：射孔器的外壁与套管内壁之间的距离。

34. **测量结果的精度**：穿孔深度精度为 1mm，穿孔孔径精度为 0.1mm。

35. **高孔密射孔器**：射孔孔密大于 20 孔 /m 的射孔器。

36. **高孔密深穿透射孔器**：射孔孔密大于 20 孔 /m 的深穿透射孔器。

37. **高孔密大孔径射孔器**：射孔孔密大于 20 孔 /m 的大孔径射孔器。

38. **常温射孔弹**：耐温 120℃持续 48h，仍能满足使用要求的射孔弹。

39. **中温射孔弹**：耐温 150℃持续 100h，仍能满足使用要求的射孔弹。

40. **高温射孔弹**：耐温 180℃持续 150h，仍能满足使用要求的射孔弹。

41. **超高温射孔弹**：耐温 210℃持续 170h，仍能满足使用要求的射孔弹。

42. **半成品检验**：对粉末罩外观及性能进行的检验，合格的转入压药工序。

43. **钢靶检验**：以钢靶为目标进行的射孔弹性能检验。

44. **振动频率**：振动气缸动作的快慢。

45. **感度**：在外界初始冲能作用下，炸药发生爆炸的难易程度。

46. **破甲**：聚能罩压垮后向对称轴方向碰撞时分成高速度射流和低速度杵体两部分，高速度射流完成对靶的侵彻（穿孔）称为破甲。

47. 堵孔：杵体堵在靶的孔道中间，也称为杵堵。

48. 靶：射孔弹检测目的物，常用的有钢靶、混凝土靶。

49. 穿孔率：穿靶孔数与起爆弹数的比值的百分数。

50. 堵孔率：靶上孔眼被堵数与穿孔数的比值的百分数。

51. 粉末罩旋压：根据旋转物体离心作用的原理，将模具固定在压机上，采用旋转凹模或同时旋转凸、凹模具方式，从而改善粉末罩密度分布均匀性的一种粉末罩制造方法。

52. 聚能射孔器：利用炸药爆轰的聚能效应产生的高温、高压、高速的聚能射流完成射孔作业的射孔器。

53. 外盲孔：在射孔枪的外壁，对准每一个射孔部位处的非通圆孔。

54. 三高区：射流破甲时形成的高温、高压、高应变率区域。

55. 定压法射孔弹压制：在射孔弹压制过程中，当压力达到一定程度，保持压力恒定，持续一定时间，使炸药被压成具有一定形状、一定密度的药柱，同时将粉末罩压入壳体内，一般压入深度为 1 ～ 2mm。定压法的优点是药柱密度比较均匀，与之相对应的是定位法射孔弹压制。

56. 有枪身射孔弹：装入密封承压的射孔枪内使用的射孔弹。

57. 无枪身射孔弹：自身承受井下压力和温度，自身具有密封系统的射孔弹。

58. 一次合压成型射孔弹加工工艺：即把粉末罩、炸药、壳体三者一起压制成射孔弹。

59. 固有炸高：对无枪身射孔弹，指射孔弹药柱大口端面到前方弹盖内壁之间的距离；对有枪身射孔弹，指射孔弹药柱大口端面到前方枪身内壁之间的距离，也称为装枪炸高。

60. 混凝土靶穿深：套管内壁到射孔孔道末端的距离。

61. 钢靶穿深：从钢锭平面到射孔孔道末端的距离。

62. 弹间干扰：即前一发射孔弹产生的冲击波穿透壳体后加载到下一发射孔弹上，当下一发射孔弹爆轰时，壳体已处于一个不对称的压力场，引起第二发射孔弹的射流不对称，影响其射孔性能。

63. 射孔孔密：每米射孔枪内装配射孔弹的数量，国外是指每英尺射孔枪内装配射孔弹的数量。

64. 射孔弹正装：将射孔弹的开口部位装入弹架中，通过压丝、导爆索固定射孔弹。

65. 射孔弹反装：将射孔弹的传爆孔方向装入弹架中，依靠弹体的锥部并用弹架上的压弹夹或压弹卡片压住口部来固定射孔弹。

66. 射孔弹穿深稳定性：射孔弹试验组穿深的标准偏差与试验组穿深平均值之比再与1之差的百分率，写成公式为（1-标准偏差/试验组穿深平均值）×100%。

67. 射孔弹地面钢靶试验流程：工作准备—联炮—试炮—数据测量—填写记录。

68. 返检：产品因外观存在轻微不合格或装箱数量与规定不符而需修正的重新检验。

69. 复验：产品性能达不到规定要求而进行的重新检验。

（二）问答

1. 粉末罩生产工艺流程是什么？

生产准备—混粉—压制—烘干—检验。

2. 粉末罩生产主要工艺条件是什么？

投料配比、混粉时间、单发罩重、成型压力、保压时间、烘干温度、烘干时间。

3. 射孔弹压装生产工艺流程是什么？

生产准备（包括壳体准备、量装炸药）—压装（包括壳体入模、放扶正套、放粉末罩、压制、退模、取弹、清模）—自检封口—粘压丝—通检组批—喷码—包装—验收入库。

4. 射孔弹压装生产工艺条件是什么？

单发装药量、压制压力、保压时间。

5. 炸药化学反应的基本形式是什么？

热分解、燃烧、爆轰。

6. 钢靶检验炸高如何取值？

根据装药量，装药量不大于 32g 的炸高取 40mm，装药量大于 32g 的炸高取 60mm，大孔径射孔弹炸高取 40mm。

7. 射孔器型号 89DP25R16-70 的意思是什么？

表示射孔器外径为 89mm，深穿透，单发装药量为 25g，常温射孔弹，孔密为 16 孔 /m，耐压值为 70MPa 的射孔器。

8. 射孔弹型号 BH36RDX33-1 的意思是什么？

表示粉末罩开口直径为 36mm，主装药为 RDX，射孔弹单发装药量为 33g，产品改进型号为 1 型的大孔径射孔弹。

9. 射孔弹型号 50DP26RDX10-1 的意思是什么？

表示工作压力为 50MPa，粉末罩开口直径为 26mm，主装药为 RDX，射孔弹单发装药量为 10g，产品改进型号为 1 型的深穿透无枪身射孔弹。

10. 炸药爆炸的三个特征是什么？

反应过程放出大量的热，反应速度快，反应过程中生成大量的气体。

11. 根据模具的安装方式，射孔弹的生产方法有几种？

有两种，分别为：活动模具压装法，指在压机外装模，然后将模具送入压机进行压制，俗称手工压制。

固定模具压装法，指将模具通过工装固定在压机上进行压装的一种射孔弹生产方法，俗称合压。

12. 聚能射孔器按其结构分为哪几类？

聚能射孔器按其结构分为有枪身射孔器和无枪身射孔器。

13. 盲孔的作用是什么？

射孔后枪壁孔眼处的外翻毛刺产生在盲孔中，毛刺的高度不突出枪体轮廓，便于枪体顺利提出井口。

盲孔减薄了射孔部位的枪壁厚度，可以减少射流的损耗，提高射孔深度。

14. 粉末罩壁厚对射孔弹性能的影响是什么？

当爆轰产物的冲量足够大时，增加粉末罩的壁厚，会对提高穿孔性能有利，装药条件一定时，压垮速度是随壁厚增加而降低的，但壁厚太薄时，射流的质量变小，速度变大，稳定性变差。

15. 混凝土靶的养护时间是多少？

应在温度 0℃以上，总养护时间不少于 28d。

16. 混凝土靶由哪几部分组成？

混凝土靶由三部分组成，即靶壳、混凝土靶体和套管。

17. 三联件由哪几部分组成，它的作用是什么？

三联件中包括过滤器、减压阀、油雾器。它的主要作用是油气过滤。

18. 粉末罩压制的保压时间怎么调，调多少？

粉末罩压制的保压时间是通过可编程控制器（PLC）来

调节的，保压时间是 2s。

19. 射流破甲的三个阶段是什么？

开坑阶段、准定常阶段、终止阶段。

20. 粉末罩压制方法有几种？

浮动凹模式模具手工压制、振动压制、旋压压制。

21. 公司现有的粉末罩生产工艺有哪些？

粉末烧结罩制造工艺、粉末不烧结罩制造工艺、铜板罩冲压工艺。

22. 活动模具压装法的优缺点是什么？

这种方法成本低，易实现群模压制，但劳动强度大，需要的操作手较多，劳动效率低。

23. 活动式压装模具的组成是什么？

凸模、扶正套、中模、底座、退弹杆、退弹座。

24. 固定模具压装法的优缺点是什么？

固定模具压装法操作简单、效率高、易实现自动化生产，但整个工装模具设计复杂，成本也较高，是目前国内较为先进的一种射孔弹生产方法。

25. 射孔弹的组成是什么？

射孔弹由粉末罩、炸药、壳体三部分组成。

26. 目前射孔弹的加工工艺有几种？

目前射孔弹的加工工艺有三种：（1）人工装卸模具生产工艺，即俗称的手工压弹。（2）半自动合压生产工艺，操作者负责称料、装料、取料以及检验，其余组模、拆模等劳动强度大、危险性高的环节通过程序自动完成。（3）全自动压制工艺，操作者只负责摆放、产品检验，其余称料、成品弹传送到盛弹盘中，均自动完成，具有生产效率高、劳动强度低、产品质量一致性好等优点。

27. 射孔弹的手工压弹退料模具包括哪些?

退料杆、退料座。

28. 排水法计算粉末罩密度的计算公式是什么?

排水法计算粉末罩密度的公式为

$$\rho=\rho_{水}G_{空}/(G_{空}-G_{水})$$

式中　ρ——粉末罩密度，g/cm^3；

$\rho_{水}$——水的密度，g/cm^3；

$G_{空}$——粉末罩在空气中的重力，N；

$G_{水}$——粉末罩在水中的重力，N。

29. 粉材的松装密度计算公式是什么?

粉材的松装密度计算公式为

$$\rho=m/V$$

式中　ρ——松装密度，g/cm^3；

m——杯中金属粉质量，g；

V——杯子容积，cm^3。

30. 什么是过滤器?空气过滤器的作用是什么?

(1)用于滤除压缩空气中含有的固体粉尘、水分、油分等各类杂质的装置称为过滤器。(2)空气过滤器用来消除空气管路中的固态颗粒和水。

31. 什么是油雾器?油雾器的作用是什么?

(1)用于使普通的液态油滴雾化成细微的油雾的给油装置称为油雾器。(2)油雾器的作用是使润滑油雾化并混入压缩空气中输出。

32. 装药聚能效应对目标靶的破坏作用是如何实现的?

(1)装药聚能效应对目标靶的破坏作用是通过聚能射流的高速、高温、高压来实现的。(2)当装药的空穴中无覆盖物时，该射流是聚能气流。(3)有覆盖物时(通常为金属粉末罩）为聚能金属射流。

33. 无枪身射孔器的组成、特点是什么？

（1）无枪身射孔器由无枪身射孔弹、弹架（或非密封的钢管）、起爆传爆部件等组成。（2）其特点是射孔器在井下作业时，射孔弹、导爆索及雷管（或起爆器）均浸没在井液中，直接承受井内的温度、压力。

34. 有枪身射孔器的组成、特点是什么？

（1）有枪身射孔器由射孔弹、射孔枪、弹架、起爆传爆部件等组成。（2）其特点是爆炸材料不与井液接触，有着很好的耐温和耐压性能，对套管和管外的水泥层损坏轻微。

35. 射孔弹的质量状态指标是什么？

射孔弹的质量状态指标包括穿孔深度稳定性、平均穿孔孔径、平均穿孔深度、杵堵率指标、起爆率等。

36. 炸高为什么会影响破甲威力？

（1）炸高与射流的延伸有关；（2）当炸高过小时，射流加速时间短，整体能力较低，所以破甲威力减小；（3）当炸高过大时，金属射流因延伸过大，断裂为高速小颗粒，发生径向散布，影响破甲威力。

37. 射孔弹产品返检、复验如何处理？

（1）返检和复验合格的产品与正常检验合格的产品一样入库；（2）经过一次返检和复验不合格的产品则为废品。

38. 导爆索编织时出现扭曲现象，为什么？如何解决？

（1）导爆索编织时出现扭曲，若为逆时针则表明上梭张力过大；若为顺时针则表明下梭张力过大。（2）出现问题后应重新调整上梭张力或下梭张力，观察导爆索编织时不再有扭曲现象为止。

39. 检验粉末罩的技术要求是什么？

（1）粉末罩外观应无裂纹、无磕碰、无划痕、无掉边、无油污等现象。

（2）重量执行该型号粉末罩的重量指标。

（3）粉末罩壁厚差应不大于0.05mm。

40. 混粉用胶液配制的原理是什么？所用溶剂是什么？

（1）胶液配制的原理是“相似相溶”原理。（2）所用溶剂依据配方不同包括汽油、机油。

41. 量取粉末罩顶端厚度的技术要求是什么？

（1）百分表触头应与支罩圆锥体同轴；（2）放取粉末罩时动作要轻、慢，避免磕碰。

42. 混粉用胶液在料粉中的作用是什么？

（1）使粉材混合均匀。（2）保证压制时下料均匀。（3）起到成型剂的作用。（4）起到润滑剂的作用。（5）适当增加强度。

43. 射孔弹封口时，流胶如何处理？

射孔弹封口时，若流胶面积较小，立即用纱布擦干净；若流胶面积较大，将此发射孔弹作废品处理。

44. 什么是硬质合金模具？在制造模具时，采用硬质合金作为模具材料有什么优点？

（1）在制造模具时，利用高硬度、高强度、耐磨损、耐腐蚀、耐高温和膨胀系数小的硬质合金作为模具材料，称为硬质合金模具。（2）硬质合金模具的优点：模具坚固耐用，使用寿命较长。

45. 燃烧和爆轰有什么区别？

（1）在速度上，爆轰比燃烧的速度快。（2）在性质上，当炸药在空气中燃烧时，燃烧速度一般较慢，并且没有显著的声响效应，但在密闭容器中，燃烧进行快得多，并有明显的声响效应，能做出机械功；而爆轰无论是否在密闭容器中，反应物都急剧地冲击周围介质，导致周围介质的破碎和变形。

46. 炸药燃烧和爆轰的传播机理是什么？

燃烧是通过热的传导、扩散和辐射在炸药中传播；爆轰则是通过冲击波传播的。

47. 什么是炸药爆炸的三要素？

（1）放热性、快速性和生成大量气体三大特性称为爆炸三要素。（2）放热性为爆炸提供能源。（3）快速性是造成能量高度集中的必要条件。（4）反应生成气体则是能量转换的工作介质。

48. 爆炸现象分为哪几类？

分为物理爆炸、化学爆炸和核爆炸。

49. 根据用途，液压阀分为哪几类？

分为方向控制阀、压力控制阀、流量控制阀 3 类。

50. 简述如何拆卸振动凸模。

（1）将工装下部放倒，卸掉底部中央凸模的固定螺栓；（2）取出凸模及凸模垫片。如凸模及垫片不能取出，则需要卸掉工装固定板，借助铜锤工具慢慢将凸模及垫片从上部敲击推出。

51. 如何将组装好的振动工装安放到压机上？

（1）轻轻将装好的工装抬到压机下压板上，出罩口朝前，对好上面的限位挡块；（2）将拆下的限位挡块对好并用螺栓固定，拧紧螺栓；（3）接上进料管，固定紧；（4）按标识接上相应的气管线；（5）装上伸舌与推块气缸，固定紧；（6）拧上工装后面的废料收集管。

52. 什么是混合炸药？射孔弹用混合猛炸药有哪些种类？

混合炸药是由两种或两种以上独立的化学成分物质构成的爆炸物质。

射孔弹用混合猛炸药包括：普通射孔弹用混合猛炸药、高温射孔弹用混合猛炸药、超高温射孔弹用混合猛炸药。

53. 射孔弹用混合猛炸药的性能包括哪些内容？

包括爆速、冲击感度、摩擦感度、威力、猛度、爆发点、热安定性等。

54. 普通挤涂机螺杆可分为哪几段？其主要功能是什么？

普通挤涂机螺杆可分为加料段、压实段、均化段三段。

（1）加料段功能：进行高分子物料的固体输送。

（2）压实段功能：压实物料，并使物料熔融。

（3）均化段功能：将压缩段已熔物料定量定温地挤到螺杆最前端。

55. 为什么挤涂机冷却装置是必须的？

挤出过程中，物料在离开挤出头后，会因为高温及重力作用产生形变，所以必须使用冷却装置对导爆索包覆层进行降温定型。所以说挤涂机冷却装置是必须的。

56. 手工压制射孔弹装模的顺序是什么？

底座—中模—壳体—扶正套—粉末罩—凸模。

57. 利用排水法测粉末罩密度的原理是什么？

根据阿基米德定律，物体在水中所受到的浮力大小，在数值上与该物体排开水的重力相等。

58. 质量检验的方式分为哪几种？

进货检验、半成品检验、成品检验。

59. 射孔弹生产产生粉尘侵入人体的途径有哪些？

皮肤侵入、呼吸道侵入、消化道侵入。

60. 混粉过筛的技术要求是什么？

（1）混粉完毕后用60目筛网过筛，去掉筛上部分材料粉；（2）筛完的料粉装入盘中加盖防尘。

61. 聚能射孔弹的原理是什么？

（1）聚能射孔弹是根据聚能效应原理设计的；（2）当射孔弹被引爆后，装药爆轰，压垮粉末罩形成高温高压的高速射流，冲击目的物，在目的物内形成孔道，达到射孔的目的。

62. 射孔弹压制过程中关键控制哪些内容？

（1）压制压力符合工艺规定要求。（2）放模平稳，到位后压制。（3）保压应符合工艺规定要求。

63. 合压压机的压装准备包括什么内容？

（1）称量炸药，严格执行产品工艺标准。（2）炸药装入壳体，平整分布，不得撒药。（3）设备压力、保压及取料时间符合工艺参数。

64. 合压压机的压制工序有哪些？

壳体入模、放扶正套、放粉末罩、压制、机械退模、取弹、清模。

65. 如何进行射孔弹的自检封口？

（1）清理浮药：用纱布将射孔弹内外所有浮药清理干净；（2）自检：进行射孔弹外观检验，剔除不合格品；（3）大端封口：将封口胶均匀涂在粉末罩大口端与壳体开口端相接处，将涂完胶的弹大口向上晾干，将晾干的射孔弹整齐摆好。

66. DP44RDX39-5型射孔弹对环裂、纵裂有什么要求？

（1）DP44RDX39-5型射孔弹对环裂的要求是长

度不得超过其所在圆周的 1/4，深度不得超过 1.0mm。（2）DP44RDX39-5 型射孔弹对纵裂的要求是位于罩小端，长度不得超过 10mm，裂纹处不得漏药。

67. 什么是炸药威力？什么是炸药猛度？

（1）炸药爆炸产物对周围介质做功的能力称为炸药的威力。

（2）炸药爆炸时，粉碎与其接触面的固体介质的能力，称为炸药的猛度。

（3）一般习惯于用 TNT 当量来表示某炸药威力的大小。

68. 什么是炸药的感度？

炸药发生爆炸的难易程度，称为炸药的感度。炸药的感度分为机械感度和热感度；机械感度分为冲击感度和摩擦感度。

69. 炸药爆炸的标志量主要有几个？是什么？

综合评定一种炸药爆炸性能的优劣时，常采用五个标志量，即：爆热、爆容、爆温、爆速和爆轰压力。

70. 导爆索之间的连接方法有哪些？

搭接法、扭接法、水平连接法、三角形连接法。

71. 导爆索和雷管之间的连接方法有几种？

有搭接法、并联法、环接法、对接法 4 种。

72. 导爆索和射孔弹的连接方法是什么？

导爆索卡入射孔弹的导爆索槽内，紧靠传爆孔处，并用压簧（或压丝）压紧导爆索。

73. 公司对进厂的炸药主要进行哪几个项目的分析？

主要进行 5 个项目的分析，即外观分析、粒度分析、松装密度分析、组分分析、水分及挥发分含量分析。

74. 射孔弹的外观检查包括哪些项目？

（1）壳体表面清洁，应无裂纹、无变形、无锈蚀。（2）粉末罩无松动、无脱落，罩内表面无药斑、无浮药。（3）导爆索槽内不应沾有胶体等异物。（4）传爆孔内的传爆药的位置不应低于传爆孔 1mm，且不高于传爆孔 1mm。

75. 液压泵的作用是什么？

（1）液压泵是液压系统中的主要元件之一，液压泵将原动机的机械能转换为工作液的压力能。（2）在液压系统中，液压泵作为动力源，提供液压传动所需的流量和压力。

76. 液压阀的作用是什么？

液压阀是用来控制和调节液压系统中油液的流动方向、压力和流量，以此满足机床工作性能要求。

77. R852 的外观技术指标是什么？

黑色颗粒，无肉眼可见机械杂质。

78. 返检和复验有什么区别？

（1）返检是指产品因外观存在轻微不合格或装箱数量与规定不符而需修正后的重新检验。

（2）复验是指射孔弹产品性能达不到要求而进行的重新检验。

79. DP44RDX39-5 型射孔弹穿钢靶性能合格品和一等品的平均穿深有什么区别？

（1）DP44RDX39-5 型射孔弹合格品钢靶平均穿深应不小于 190mm。（2）DP44RDX39-5 型射孔弹一等品钢靶平均穿深应不小于 195mm。

80. 筛粉过程中的常见故障是什么？如何处理？

常见故障：筛网损坏，过筛时有大颗粒结块出现。

处理方法：更换新的筛网。

81. 量取粉末罩顶端厚常见问题如何处理？

（1）当表头提不起来，表头紧固时应松动表头。（2）粉末罩放不进去，表头安装过低，重新调整表头。（3）数据跳动过大，应调整百分表触头与支罩圆锥体同轴。

82. BH43RDX26-1 型射孔弹对掉边有什么要求？

射孔弹内粉末罩掉边长度不得超过其所在圆周的 1/3；深度不得超过 1mm。

HSE 知识

（一）名词解释

1. 静电：由于物体与物体之间的紧密接触和分离，或者相互摩擦，发生了电荷转移，破坏了物体原子中的正负电荷的平衡而产生的电。

2. 触电：电流通过人体与大地或其他导体形成回路。

3. 燃烧：可燃物与氧化剂作用发生的放热反应，通常伴有火焰发光和（或）烟气现象。

4. 闪燃：可燃性液体挥发的蒸气与空气混合达到一定浓度或者可燃性固体加热到一定温度后，遇明火发生一闪即灭的燃烧。

5. 自燃：可燃物质在没有外部火源的作用下，因受热或自身发热并蓄热所产生的自行燃烧的现象。

6. 着火：可燃物受外界火源直接作用而开始的持续燃烧。

7. 爆燃：可燃物质（气体、雾滴和粉尘）与空气或氧气的混合物由火源点燃，火焰立即从火源处以不断扩大的同心球，自动扩展到混合物存在的全部空间，以热传导方式自动在空间传播的燃烧现象。

8. 爆炸极限：当可燃气体、可燃粉尘或液体蒸气与空气(氧气)混合达到一定浓度时，遇到火源就会爆炸，这个浓度范围称为爆炸浓度或爆炸极限。

9. 火灾：在时间或空间上失去控制的燃烧造成的灾害。

10. 冷却法：将灭火剂直接喷射到燃烧物上，使可燃物的温度降低到燃点以下，从而使燃烧停止的灭火方法。

11. 窒息法：采取适当的措施，阻止空气进入燃烧区或用惰性气体冲淡、稀释空气中的含氧量，使燃烧物质因缺氧而熄灭的方法。

12. 隔离法：将可燃物与助燃物、火焰隔离，控制火势蔓延的方法。

13. 高处作业：在坠落高度基准面 2m 及以上有可能坠落的高处进行的作业。

14. 危险化学品：具有毒害、腐蚀、爆炸、燃烧、助燃等性质，对人体、设施、环境具有危害的剧毒化学品和其他化学品。

（二）问答

1. 哪些物质易产生静电？

金属、木柴、塑料、化纤、油制品等易产生静电。

2. 物质产生静电的条件是什么？

物质在高温、高压、干燥的情况下易产生静电。

3. 为什么静电能将可燃物引燃？

因为可燃性气体及蒸气与空气混合的最小引燃能量

为 0.009mJ，可燃性气体与氧气混合的最小引燃能量为 0.0002 ～ 0.0027mJ，粉尘的最小引燃能量为 5 ～ 60mJ，通常静电放出的电火花能量，完全能使可燃物引燃。

4. 防止静电有哪几种措施？

（1）增加湿度；（2）采用感应式静电消除器；（3）采用高压电晕放电式消除器；（4）采用离子流静电消除器；（5）采用防静电鞋；（6）采用防静电服经地面导电。

5. 消除静电的方法有几种？

（1）静电接地；（2）增湿；（3）加抗静电添加剂；（4）静电中和器；（5）工艺控制法。

6. 人体发生触电的原因是什么？

在电路中，人体的一部分接触相线，另一部分接触其他导体，就会发生触电。触电的原因：（1）违规操作；（2）绝缘性能差漏电，接地保护失灵，设备外壳带电；（3）工作环境过于潮湿，未采取预防触电措施；（4）接触断落的架空输电线或地下电缆漏电。

7. 触电分为哪几种？

主要分为单相触电、两相触电、跨步电压触电 3 种。

8. 触电的现场急救方法主要有几种？

主要有人工呼吸法、人工胸外心脏按压法两种。

9. 发生人身触电应该怎么办？

（1）当发现有人触电时，应先断开电源。（2）在未切断电源时，为争取时间可用干燥的木棒、绝缘物拨开电线或站在干燥木板上或穿绝缘鞋用一只手去拉触电者，使之脱离电源，然后进行抢救。（3）人在高处应防止脱电后落地摔伤。（4）触电后昏迷但又有呼吸者应抬到温暖、空气流通的地方休息；如呼吸困难或停止，立即进行人工呼吸。

10. 如何使触电者脱离电源？

(1) 尽快断开与触电者有关的电源开关。(2) 用相适应的绝缘物使触电者脱离电源。(3) 现场可采用短路法使断路器跳闸或用绝缘杆挑开导线。(4) 脱离电源时要防止触电者摔伤。

11. 预防触电事故的措施有哪些？

(1) 采用安全电压；(2) 保证绝缘性能；(3) 采用屏护；(4) 保持安全距离；(5) 合理选用电气设备；(6) 装设漏电保护器；(7) 保护接地与接零等。

12. 安全用电注意事项有哪些？

(1) 手潮湿 (有水或出汗) 不能接触带电设备和电源线。(2) 各种电气设备，如电动机、启动器、变压器等金属外壳必须有接地线。(3) 电路开关一定要安装在火线上。(4) 在接、换熔断丝时，应切断电源。熔断丝要根据电路中的电流大小选用，不能用其他金属代替熔断丝。(5) 正确选用电线，根据电流的大小确定导线的规格及型号。(6) 人体不要直接与通电设备接触，应用装有绝缘柄的工具 (绝缘手柄的夹钳等) 操作电气设备。(7) 电气设备发生火灾时，应立即切断电源，并用二氧化碳灭火器灭火，切不可用水或泡沫灭火器灭火。(8) 高大建筑物必须安装避雷器，如发现温升过高，绝缘下降时，应及时查明原因，消除故障。(9) 发现架空电线破断、落地时，人员要离开电线地点 8m 以外，要有专人看守，并迅速组织抢修。

13. 燃烧分为哪几类？

燃烧按形成的条件和瞬间发生的特点，分为闪燃、着火、自燃、爆燃 4 种。

14. 燃烧必须具备哪几个条件？

燃烧必须具备 3 个条件：（1）要有可燃物，如木材、纸张、棉纱、汽油、煤油、润滑油；（2）要有助燃物，即空气中的氧或纯氧；(3) 要达到着火的温度，即达到物质的燃点。着火的三要素必须同时存在，缺少任何一个都不能燃烧。

15. 火灾过程一般分为哪几个阶段？

火灾过程一般可分为初起阶段、发展阶段、猛烈阶段、下降阶段和熄灭阶段。

16. 扑救火灾的原则是什么？

（1）报警早，损失少；（2）边报警，边扑救；（3）先控制，后灭火；（4）先救人，后救物；（5）防中毒，防窒息；（6）听指挥，莫惊慌。

17. 灭火有哪些方法？

有冷却法、窒息法、隔离法 3 种方法。

18. 目前常用的灭火器有哪些？

目前油田常用的灭火器有泡沫灭火器、二氧化碳灭火器、干粉灭火器等。

19. 手提式干粉灭火器如何使用？适用哪些火灾的扑救？

使用方法：首先拔掉保险销，然后一手将拉环拉起或压下压把，另一只手握住喷管，对准火源根部。

适用范围：扑救液体火灾、带电设备火灾和遇水燃烧等物品的火灾，特别适用于扑救气体火灾。

20. 使用干粉灭火器的注意事项有哪些？

⑴ 要注意风向和火势，确保人员安全。⑵ 操作时要保持竖直，不能横置或倒置，否则易导致不能将灭火剂喷出。

21. 如何检查管理干粉灭火器？

（1）放置在通风、干燥、阴凉并取用方便的地方。

(2) 避免高温、潮湿和腐蚀严重的场合，防止干粉灭火剂结块、分解。(3) 检查干粉是否结块。(4) 检查压力显示器的指针是否在绿色区域。(5) 灭火器一经开启必须再充装。

22. 如何报火警？

一旦失火，要立即报警，报警越早，损失越小。打电话时，一定要沉着。首先要记清火警电话“119”，接通电话后，要向接警中心讲清失火单位的名称地址、什么东西着火、火势大小，以及火的范围。同时还要注意听清对方提出的问题，以便正确回答。随后，把自己的电话号码和姓名告诉对方，以便联系。打完电话后，要立即派人到交叉路口等待消防车的到来，以利于引导消防车迅速赶到火灾现场。还要迅速组织人员疏散消防通道，消除障碍物，使消防车到达火场后能立即进入最佳位置灭火救援。

23. 油、气、电着火如何处理？

(1) 切断油、气、电源，放掉容器内压力，隔离或搬走易燃物。(2) 刚起火或小面积着火，在人身安全得到保证的情况下要迅速灭火，可用灭火器、湿毛毡、棉衣等灭火，若不能及时灭火，要控制火势，阻止火势向油、气方向蔓延。(3) 大面积着火，或火势较猛，应立即报火警。(4) 油池着火，勿用水灭火。(5) 电器着火，在没切断电源时，只能用二氧化碳灭火器、干粉灭火器等灭火。

24. 压力容器泄漏、着火、爆炸的原因及消减措施是什么？

压力容器泄漏、着火、爆炸的原因：(1) 压力容器有裂缝、穿孔。(2) 窗口超压。(3) 安全附件、工艺附件失灵或与容器接合处渗漏。(4) 工艺流程切换失误。(5) 容器周围有明火。(6) 周围电路有阻值偏大或短路等故障发生。

（7）雷击起火。（8）有违章操作（如使用非防爆手电，使用非防爆工劳保服装等）现象。

消减措施：（1）压力容器应有使用登记和检验合格证。（2）加强管理，消除一切火种。（3）按压力容器操作规程进行操作。（4）对压力容器定期进行检查和检验并有检验报告。（5）工艺切换严格执行相关操作规程。（6）严格执行巡回检查制度。（7）做好防雷设施，定期测量接地电阻。（8）定期检验安全附件进行校验和检查。

25. 对火灾事故“四不放过”的处理原则是什么？

（1）事故原因分析不清不放过。（2）事故责任者和群众没有受到教育不放过。（3）事故责任者没有受到处罚不放过。（4）没有整改措施不放过。

26. 高处作业级别是如何划分的？

高处作业分为四级（作业基准面高度用 h_W 表示）。（1）一级高处作业：$2m \leqslant h_W < 5m$；（2）二级高处作业：$5m \leqslant h_W < 15m$；（3）三级高处作业：$15m \leqslant h_W < 30m$；（4）特级高处作业：$h_W \geqslant 30m$。

27. 登高巡回检查应注意什么？

（1）五级以上大风、雪、雷雨等恶劣天气，禁止登高检查。（2）禁止攀登有积雪、积冰的梯子。（3）2m 以上的登高检查和作业必须系安全带。

28. 高处坠落的原因是什么？

高处坠落的原因：（1）扶梯腐蚀、损坏。（2）同时上梯人数超过规定数量。（3）冰雪天气操作时未做好防滑措施。（4）在设备上操作时未佩戴安全带或安全带悬挂位置不合适。

29. 高处坠落的消减措施是什么？

（1）做好防腐工作并定期检查。（2）一次上梯人数不能超过 3 人。(3) 冰雪天气操作前做好防滑措施，可采用砂子防滑。(4) 在设备上操作时，应按规定佩戴安全带并选择合适位置。

30. 安全带通常使用期限为几年？几年抽检一次？

安全带通常使用期限为 3 ～ 5 年，发现异常应提前报废。一般安全带使用 2 年后，按批量购入情况应抽检一次。

31. 使用安全带时有哪些注意事项？

(1) 安全带应高挂低用，注意防止摆动碰撞，使用 3m 以上的长绳时应加缓冲器，自锁钩用吊绳例外。(2) 缓冲器、速差式装置和自锁钩可以串联使用。(3) 不准将绳打结使用，也不准将钩直接挂在安全绳上使用，应挂在连接环上用。(4) 安全带上的各种部件不得任意拆卸，更换新绳时应注意加绳套。

32. 为防止机械伤害事故，有哪些安全要求？

对机械伤害的防护要做到“转动有罩、转轴有套、区域有栏”，防止衣袖、发辫和手持工具被绞入机器。

33. 哪些伤害必须就地抢救？

触电、中毒、淹溺、中暑、失血。

34. 外伤急救步骤是什么？

止血、包扎、固定、送医院。

35. 有害气体中毒急救措施有哪些？

(1) 气体中毒开始时有流泪、眼痛、呛咳、眼部干燥等症状，应引起警惕，稍重时头昏、气促、胸闷、眩晕，严重时会引起惊厥昏迷。(2) 怀疑可能存在有害气体时，应立即将人员撤离现场，转移到通风良好处休息，抢救人员进入险区必须佩戴正压式空气呼吸器。(3) 已昏迷病员应保持气道通畅，有条件时给予氧气呼入；呼吸心跳骤停者，按心肺复苏法抢救，并联系急救部门或医院。(4) 迅速查明有害气体的名称，供医院及早对症治疗。

36. 烧烫伤急救要点是什么？

(1) 迅速熄灭身体上的火焰，减轻烧伤。(2) 用冷水冲洗、冷敷或浸泡肢体，降低皮肤温度。(3) 用干净纱布或被单覆盖和包裹烧伤创面，切忌在烧伤处涂抹各种药水和药膏。(4) 可给烧伤伤员口服自制烧伤饮料糖盐水，切忌给烧伤伤员喝白开水。(5) 搬运烧伤伤员，动作要轻柔、平稳，尽量不要拖拉、滚动，以免加重皮肤损伤。

37. 触电急救有哪些原则？

进行触电急救，应坚持迅速、就地、准确、坚持的原则。

38. 触电急救要点是什么？

(1) 迅速切断电源。(2) 若无法立即切断电源时，用绝缘物品使触电者脱离电源。(3) 保持呼吸道畅通。(4) 立即呼叫“120”急救电话，请求救治。(5) 如呼吸、心跳停止，应立即进行心肺复苏。(6) 妥善处理局部电烧伤的伤口。

39. 如何判定触电伤员呼吸、心跳？

触电伤员如意识丧失，应在10s内，用看、听、试的方法，判定伤员呼吸心跳情况。看：看伤员的胸部、腹部有无起伏动作；听：用耳贴近伤员的口鼻处，听有无呼气声音；试：试测口鼻有无呼气的气流；再用两手指轻试一侧(左或右)喉结旁凹陷处的颈动脉有无搏动。若看、听、试结果，既无呼吸又无颈动脉搏动，可判定呼吸、心跳停止。

40. 高处坠落急救要点是什么？

(1) 坠落在地的伤员，应初步检查伤情，不要搬动摇晃。(2) 立即呼叫“120”急救电话，请求救治。(3) 采取初步急救措施：止血、包扎、固定。(4) 注意固定颈部、胸腰部脊椎，搬运时保持动作一致平稳，避免脊柱弯曲扭动加重伤情。

41. 如何进行口对口（鼻）人工呼吸？

在保持伤员气道通畅的同时，救护人员用放在伤员额上的手的手指捏住伤员鼻翼，救护人员深吸气后，与伤员口对口紧合，在不漏气的情况下，先连续大口吹气两次，每次 1 ～ 1.5s。如两次吹气后试测颈动脉仍无搏动，可判断心跳已经停止，要立即同时进行胸外按压。除开始时大口吹气两次外，正常口对口（鼻）呼吸的吹气量不需过大，以免引起胃膨胀，吹气和放松时要注意伤员胸部应有起伏的呼吸动作。触电伤员如牙关紧闭，可口对鼻人工呼吸。口对鼻人工呼吸吹气时，要将伤员嘴唇紧闭，防止漏气。

42. 如何对伤员进行胸外按压？

(1) 救护人员右手的食指和中指沿触电伤员的右侧肋弓下缘向上，找到肋骨和胸骨接合处的中点。(2) 两手指并齐，中指放在切迹中点（剑突底部)，食指平放在胸骨下部。(3) 另一只手的掌根紧挨食指上缘，置于胸骨上，找准正确按压位置。(4) 救护人员的两肩位于伤员胸骨正上方，两臂伸直，肘关节固定不屈，两手掌根相叠，手指翘起，不接触伤员胸壁。(5) 以髋关节为支点，利用上身的重力，垂直将正常人胸骨压陷 3 ～ 5cm（儿童和瘦弱者酌减)。(6) 压至要求程度后，立即全部放松，但放松时救护人员的掌根不得离开胸壁。按压必须有效，有效的标志是按压过程中可以触及颈动脉搏动。

43. 心肺复苏法操作频率有什么规定？

（1）胸外按压要以均匀速度进行，以 80 次 /min 左右为宜，每次按压和放松的时间相等。（2）胸外按压与口对口 (鼻) 人工呼吸同时进行，其节奏为：单人抢救时，每按压 15 次后吹气 2 次 (15 ：2)，反复进行；双人抢救时，每按压 5 次后由另一人吹气 1 次（5 ：1)，反复进行。

44. 射孔弹的特性有哪些？

聚能射孔弹是根据聚能效应原理设计的，用于油气田油井射孔。射孔弹被引爆后，形成高温高压的高速聚能射流，达到射孔的目的。

45. 油气井用导爆索的特性有哪些？

用于油气田油井射孔中引爆射孔弹。由黑索金等猛炸药为主制成索芯，再以凯夫拉线、尼龙塑料作外包层制成。用雷管起爆，爆速约为 7000m/s。

46. 雷管的特性有哪些？

在管壳内装有起爆药和猛炸药的火工品。根据装药方式分为单式雷管和复式雷管。根据起爆方式分为火雷管、电雷管等。

47. 民爆器材制造用的炸药通常有哪些？

黑索金、奥克托金、梯恩梯等爆炸力极强的单质猛性炸药和 R852、H781 等混合炸药。

48. 民爆器材的危险特性是什么？

遇明火、静电、电磁波、高温、摩擦、撞击、冲击波等，有引起燃烧、爆炸的危险。

49. 民爆器材生产中引起灾害的人的因素有哪些？

指人在操作中由于某种原因出现差错，如忽略规章制度、误操作、精神不集中、疲劳等。

50. 民爆器材生产中引起灾害的环境因素有哪些？

工艺布置、作业面积、颜色、照明、湿度、明火、雷电、振动、通风、温度等。

51. 民爆器材生产中引起灾害的物的因素有哪些？

结构不良、强度不够、设备磨损老化、机器设备故障、危险物、安全装置失灵、操作对象有毒等。

52. 民爆器材生产中有害物侵入人体的途径有哪些？

皮肤侵入、呼吸道侵入、消化道侵入。其中经皮肤吸收和呼吸道侵入是有害物侵入的主要途径。

53. 民爆器材生产中避免有害物侵入的预防措施有哪些？

(1) 要改进生产工艺条件，做到设备密闭化、自动化，防止药粉飞扬，降低环境有害物浓度。(2) 采用先进工艺和技术，以减少直接接触。(3) 穿防静电服装，口罩等穿戴齐全。(4) 养成良好的卫生习惯。(5) 加强管理，提高对防病防毒的认识。(6) 定期进行操作间浓度监测和体检。

54. 民爆器材存储环境有哪些要求？

(1) 存放场所环境要求为阴凉通风，防止阳光直射。(2) 较适宜的相对湿度为65%，最大相对湿度不宜超过70%。(3) 库房内严禁存放任何非火工品，严禁使用电源、热源、光源、音频源、声频源、感应源、辐射源、放射源等危险源以及产生静电、火花等的物品。

55. 民爆器材装卸有哪些要求？

(1) 应按规定穿戴好劳动保护用品，禁止穿带钉子的鞋及易产生静电的化学纤维衣服作业。(2) 装卸作业须稳拿轻放，严防摔砸、跌落，禁止撞击、拖拉、翻滚、投掷、侧置、倒置、重压。(3) 严禁使用明火灯具照明，装卸现场的道路、灯光、标识、消防设施等须满足安全装卸的条件。

56. 民爆器材销毁原则是什么？

(1) 必须在专用场地进行销毁作业。(2) 在夜间、大风、雷电、雨、雪、雾天严禁销毁作业。(3) 销毁时应少量多次，即限量处理。(4) 销毁时应及时、彻底，分类进行。

57. 民爆器材销毁方法有哪些？

销毁方法有爆炸法、燃烧法和化学分解法等。

58. 民爆器材包装有哪些要求？

(1) 一般应采用木质或纸制包装箱，内包装应充分防止民爆器材与金属物品接触，铁钉和其他没有涂防护层的黑金属部件不得穿透包装箱。(2) 应保证民爆器材之间有隔层，且运输中不能发生相互碰撞或危险性移动。(3) 经过海上或湿度极大的环境运输时，应采取内层加防潮防护包装。

59. 民爆器材同库存放原则是什么？

(1) 性质和消防方法相互抵触的民爆器材不得同库存放。(2) 任何废品不应和成品同库存放，雷管应单独存放。

60. 民爆器材保质期一般是多长时间？

通常情况下，射孔弹 5 年，导爆索 5 年。

61. 禁止在恶劣天气下进行民爆器材试验和销毁工作，恶劣天气是指什么？

雷雨、大风（5 级以上）、尘暴、沙暴、浓雾等天气。

62. 民爆器材运输及车辆要求有哪些？

(1) 车辆，应挂防火、防爆安全标志。(2) 车辆不应超高、超载、超速。(3) 用汽车运输时，汽车的排气管应加装灭火花装置，并挂防静电接地链条等。

63. 制定民爆器材事故应急救援预案的原则是什么？

应根据本企业生产、经营的实际情况，本着“以防为主，防救结合”的精神，制定事故应急救援预案。

第三部分
基本技能

一、操作技能

1. 配制 9317 胶液操作。

准备工作：

（1）正确穿戴劳动保护用品。

（2）工器具、材料准备：电子秤，储胶罐，切割刀，DN 橡胶，有机溶剂，烧杯，搅拌棒。

操作程序：

（1）用切割刀将 DN 橡胶切成 20mm 左右大小的正方体碎块。

（2）用电子秤称取固定配比量的 DN 橡胶碎块，放入储胶罐中。

（3）用烧杯量取适量有机溶剂，倒入储胶罐中，使有机溶剂液面高于 DN 橡胶碎块表面。

（4）将储胶罐的盖子盖上，密封保存。

（5）将密封的储胶罐置于阴凉处，做好记录（泡制时间、桶号、重量等）。

（6）清理现场，物品定置摆放。

（7）泡制胶液时间为一个月，胶液每周至少用搅拌棒搅拌一次。

(8) 胶液使用前，将泡制好的胶液搅拌均匀，确保无固体颗粒。然后将储胶罐放在电子秤上，按比例用烧杯补足剩余的有机溶剂，使胶与有机溶剂达到工艺要求配比浓度。

(9) 使用前用搅拌棒充分搅拌 10min。

操作安全提示：

(1) 穿戴好劳动保护用品。

(2) 配制胶液时，保持换气扇开启。

(3) 配胶室内严禁使用明火。

(4) 防止胶液洒落地面，人员易滑倒摔伤。

2. 混粉操作。

准备工作：

(1) 正确穿戴劳动保护用品。

(2) 设备准备：混粉机。

(3) 工器具、材料准备：操作台，电子秤，料粉盘，手推车，壁纸刀，克丝钳，60 目筛网，垃圾桶，撮子，粉材，有机溶剂。

操作程序：

(1) 按照工艺规定的配比领取原材料。

(2) 将原材料分类摆放，避免混淆。

(3) 将电子秤、料粉盘放在操作台上，确保电子秤、料粉盘放置平稳且无残留物，电子秤清零。

(4) 用克丝钳拆开粉材桶盖上的铅封，检查真空包装是否完好。用壁纸刀打开粉材包装袋，并观察粉材是否氧化，如有氧化，重新领取。

(5) 按工艺要求称取各粉材，分别放入料粉盘 1 和 2 内，准备手工预混。

（6）向料粉盘2内缓慢加入胶液，胶液不得溢出，所需用量要一次加完。

（7）戴上乳胶手套，手工搅拌料粉盘2中的有机溶剂、粉材至均匀无结块。

（8）打开混粉罐进粉口，确保出粉口蝶阀处于关闭状态，将混粉罐罐体倾斜至与水平线呈30°角并固定，使进粉口向上，将料粉盘1和2内已混好的粉材分别倒入混粉罐内。

（9）关闭混粉罐进粉口，检查罐口的密封性，确保混粉罐在旋转过程中不漏粉。

（10）安插防护栏架。

（11）闭合混粉机空气开关，接通电源。

（12）将选择按钮旋至“TIME”位，然后按下黄色“RESET”按钮，按工艺要求设定混粉时间，按下绿色“START”按钮，启动混粉机。

（13）混粉机按工艺要求时间运转完毕后，自动停止，断开混粉机电源。

（14）将装有料粉盘的手推车放在混粉罐出粉口下方。

（15）打开混粉罐出粉口蝶阀，用橡胶锤轻击混粉罐，使混粉罐内的粉材落进料粉盘内。

（16）将混好的粉材放到晾粉室内备用。

（17）清理现场，填写“粉末罩混粉跟踪卡”。

操作安全提示：

（1）穿戴好劳动保护用品。

（2）搬运粉材时注意避免重物砸伤。

（3）混粉时，保持换气扇开启。

（4）混粉机运行时，严禁进入设备工作区。

3. 晾粉操作。

准备工作：

(1) 正确穿戴劳动保护用品。

(2) 设备准备：电热供暖设备。

(3) 工器具、材料准备：晾粉架，料粉盘，手推车，撮子，混制好的粉材。

操作程序：

(1) 闭合电热供暖设备的空气开关，启动电热供暖设备，按工艺要求设定工作时间、工作温度。

(2) 将装有混制好的粉材的手推车推进晾粉室内。

(3) 将料粉盘整齐摆放到晾粉架上。

(4) 用撮子将手推车内的粉材取出，平摊在晾粉架上的料粉盘内，平铺厚度不大于 30mm。

(5) 按工艺要求的晾粉时间进行晾粉。

(6) 清理现场，填写“粉末罩混粉跟踪卡”。

操作安全提示：

(1) 穿戴好劳动保护用品。

(2) 晾粉时保持换气扇开启。

(3) 摆放粉盘过程中，注意避免重物磕碰、砸伤。

4. 筛粉操作。

准备工作：

(1) 正确穿戴劳动保护用品。

(2) 设备准备：筛粉机。

(3) 工器具、材料准备：料斗，料粉盘，废渣桶，粉材。

操作程序：

(1) 检查筛粉机筛网，确保筛网无破损。

⑵ 在筛粉机上出粉口和下出粉口分别放置好废渣桶和料粉盘。

⑶ 闭合筛粉机空气开关，启动筛粉机，试运行1 ～ 2min。

⑷ 关闭料斗出粉口，将料粉盘内的粉材全部倒入料斗中。

⑸ 打开料斗出粉口，控制粉材的出粉量，确保筛粉机筛网上的粉材量始终少于40kg。

⑹ 当筛粉机下出粉口停止出粉后，继续运行3 ～ 5min后，断开筛粉机空气开关。

⑺ 将筛粉机下出粉口的粉材防尘存放，筛粉机上出粉口的废渣按规定存放。

⑻ 清理现场，填写“粉末罩混粉跟踪卡”。

操作安全提示：

⑴ 穿戴好劳动保护用品。

⑵ 筛粉机运行中，严禁接触筛粉机。

⑶ 筛粉时保持换气扇开启。

5. 粉末罩模具刻字操作。

准备工作：

⑴ 正确穿戴劳动保护用品。

⑵ 工器具、材料准备：双色刻字机，操作台，粉末罩凸模。

操作程序：

⑴ 取出粉末罩凸模放在操作台上。

⑵ 取出刻字机，按说明正确接线，接通电源，打开刻字机开关，根据要求选用刻字颜色。

⑶ 将鳄鱼夹与凸模可靠连接。

（4）用刻字笔将模具编号刻在凸模底座侧面。

（5）刻字完毕，关闭电源，将刻字机放回原处。

（6）清理现场。

操作安全提示：

（1）穿戴好劳动保护用品。

（2）接通电源后禁止接线。

6. 粉末罩模具装配操作。

准备工作：

（1）正确穿戴劳动保护用品。

（2）工器具、材料准备：内六角扳手，活动扳手，弹性挡圈钳，加力杆，清洁布，胶皮，粉末罩工装模具。

操作程序：

（1）把胶皮铺在地上。

（2）把凹模倒放在胶皮上。

（3）将凹模盖板倒角一面向下装配在凹模上，然后将工装压头安插在凹模上，使工装压头的进料管口与凹模进粉口对齐。

（4）用长螺杆连接工装压头和凹模并紧固。

（5）将凸模放在胶皮上。

（6）把工装压头和凹模的连接件放在凸模上，使凸模与凹模紧密配合。

（7）把凸模及工装压头与凹模的连接件一起放在固定模套的工装固定板上。

（8）比对工装压头下端面和模套上端面的高度。当工装压头下端面高于模套上端面时，可不进行其他操作；当工装压头下端面低于模套上端面时，需在凸模下垫适当厚度的垫片，使工装压头下端面略高于模套上端面。

(9) 比对完毕，取下凸模，先将垫片放入模套内（如果工装压头下端面高于模套上端面，可不放垫片），再将凸模朝上放入套筒底部，用螺杆连接并紧固。

(10) 将工装压头和凹模的连接件放入模套中，使之在模套内上下移动自如。

(11) 用活动扳手将连接工装压头和抬头气缸的螺帽旋紧。

(12) 将弹簧放入工装压头上端面的圆孔内，然后放入顶杆，使顶杆上的圆孔与工装压头两侧的孔槽对齐。

(13) 用压芯销定位轴依次穿过一侧限位片上的圆孔、顶杆上的圆孔和另一侧限位片上的圆孔。

(14) 将轴挡圈安放在压芯销定位轴尾部，用弹性挡圈钳将挡圈安装在压芯销定位轴尾部的圆槽内，防止压芯销定位轴脱落。

(15) 收回工器具，清理现场。

操作安全提示：

(1) 穿戴好劳动保护用品。

(2) 正确使用工器具，避免损坏模具。

(3) 模具装配时注意防止硬物砸伤、磕碰。

7. 粉末罩试压操作。

准备工作：

(1) 正确穿戴劳动保护用品。

(2) 设备准备：四柱液压机。

(3) 工器具、材料准备：十字螺丝刀，喉箍，润滑油，料粉。

操作程序：

(1) 正确连接各部位气管线。

(2) 将喉箍套在粉管上，然后连接粉管和工装进料管口，用十字螺丝刀将喉箍旋紧。

（3）接通四柱液压机电源，按“电动机启动”按钮启动电动机。

（4）按压“气压阀”开关顺时针旋转 90°，打开气源，并检查气压值是否在工艺允许范围内。

（5）将控制面板上的“选择钮”调到“手动”状态，反复按动“工装抬头”“工装低头”两个按钮 3 ～ 5 次，上下活动工装，操作完毕，使工装处于抬头状态。

（6）在压头与凹模连接件的柱面（与模套内壁接触部位）处加注适量润滑油。

（7）按“工装低头”按钮，使工装低头，向料斗内加入料粉。

（8）设定振动次数、频率准备单发试压。

（9）将控制面板上的“选择钮”调到“单次”位，按“循环启动”按钮，进行单发试压。

（10）根据粉末罩的质量情况，进行试压调整操作。

操作安全提示：

（1）穿戴好劳动保护用品。

（2）设备运行时，严禁进入设备工作区内。

8. 粉末罩试压调整操作。

准备工作：

（1）正确穿戴劳动保护用品。

（2）设备准备：四柱液压机。

（3）工器具、材料准备：托盘天平，壁厚差检测仪，顶端厚度检测仪，粉材。

操作程序：

（1）粉末罩试压结束后，对压制出的粉末罩进行检验。

⑵ 检验粉末罩的外观，粉末罩内外表面无杂质、油污、裂纹、残缺，符合粉末罩生产的工艺要求。

⑶ 用天平检验粉末罩的重量，根据检测结果，进行更换销钉、调节抬头气缸压力、设定振动次数等操作调整罩重，直至粉末罩罩重符合工艺要求。

⑷ 用壁厚差检测仪检验粉末罩的壁厚差，根据检测结果，进行设定振动频率、调节振幅等操作调整粉末罩壁厚差，直至粉末罩壁厚差符合工艺要求。

⑸ 用顶端厚度仪检验粉末罩的顶端厚度，根据检测结果，调整工装上端面垫片的厚度操作调整顶端厚度，直至粉末罩顶端厚度符合工艺要求。

⑹ 调整完毕，将“选择钮”调到“连动”状态，按“循环启动”按钮，试压粉末罩20发。

⑺ 产品的各项工艺参数都符合工艺要求后，按“全机停止”按钮，将“选择钮”调到“手动”位。

⑻ 填写“粉末罩模具使用跟踪卡”。

⑼ 与操作手交接，进行生产压制。

操作安全提示：

⑴ 穿戴好劳动保护用品。

⑵ 设备运行时，严禁进入设备工作区内。

9. 粉末罩模具拆卸操作。

准备工作：

⑴ 正确穿戴劳动保护用品。

⑵ 工器具、材料准备：内六角扳手，活动扳手，弹性挡圈钳，加力杆，清洁布，胶皮，粉末罩工装模具。

操作程序：

⑴ 将胶皮铺在地上，工装模具放在胶皮中央。

（2）用弹性挡圈钳取出挡圈，然后取下轴挡圈。

（3）一只手按压顶杆，另一只手取出压芯销定位轴。

（4）取出顶杆时，将顶杆倾斜，将弹簧与顶杆同时取出。

（5）用活动扳手拧下连接压头与抬头气缸的连接螺帽。

（6）将压头与凹模的连接件从模套内取出。

（7）用内六角扳手配合加力杆将固定压头与凹模的长螺杆卸下，使压头与凹模脱离。

（8）用内六角扳手拧下固定凸模和工装固定板的螺杆，使凸模与工装固定板脱离，取出凸模和垫片。

（9）将工装、模具内外表面清理干净，摆放在指定位置。

（10）清理现场，工器具、零部件定置摆放。

操作安全提示：

（1）穿戴好劳动保护用品。

（2）正确使用工器具，注意磕碰。

（3）工装模具搬运时，必须两人配合完成。

10. 粉末罩压制（振动）操作。

准备工作：

（1）正确穿戴劳动保护用品。

（2）设备准备：四柱液压机。

（3）工器具、材料准备：壁厚差检测仪，电子秤/天平，卡具，盛罩盘，料粉。

操作程序：

（1）接通压机总电源，检查电源指示灯，PC灯，光电信号灯是否工作正常。

（2）打开气阀开关，检查气压是否符合工艺要求。

（3）启动电动机，检查指示灯是否正常，检查电动机工作的声音是否正常。

（4）检查并调整压机滑块使其在上限位。

（5）检查料斗内料粉量，料粉量应满足生产需求。按动“震粉”按钮，启动震颤器，直至粉管内充满粉材。

（6）关闭震颤器，将控制面板的“选择钮”调到“手动”位，检查工装各部位动作，即：工装抬头、接罩、推罩、退回、工装低头等动作是否正常，清洁润滑工装，确保其动作灵敏可靠。

（7）按工艺规定设定振动次数，振动频率。

（8）将“选择钮”调到“单次”位，按“循环启动”按钮，检查：振动气压是否稳定；振动频率是否有异常；工装各部件是否有松动；振动气缸是否工作正常。

（9）按“全机静止”按钮，将“选择钮”调到“手动”位，再次确认并保持滑块在上限位。

（10）按“工装抬头”按钮，根据落粉情况判断是否可以压制。

（11）将卡具插在振动工装上模和限位片之间的空隙内，将套筒底部积粉清理干净。

（12）取出卡具，按“工装低头”按钮，使工装闭合。

（13）将“选择钮”调到“连动”位，按“循环启动”按钮，压机进入连续压制状态。

（14）检验每发粉末罩的外观、重量和壁厚差是否合格。

（15）将合格品粉末罩摆放在盛罩盘内，不合格品定置摆放。

（16）工作完毕，将“选择钮”调到“手动”位，关闭气源、电源。

（17）清理现场，将卡具放在工装上方。

（18）填写“粉末罩生产跟踪卡”。

操作安全提示：

（1）穿戴好劳动保护用品。

（2）设备运行时，严禁进入设备工作区内。

（3）严禁不放卡具，清理工装内积粉。

11. 粉末罩压制（手工）操作。

准备工作：

（1）正确穿戴劳动保护用品。

（2）设备准备：四柱液压机。

（3）工器具、材料准备：料盒，壁厚差检测仪，电子秤/天平，盛罩盘，粉末罩（手工）模具，料粉，纱布。

操作程序：

（1）称粉：

① 校正天平；

② 按产品工艺要求称取料粉，装入料盒内。

（2）装粉：

① 将凸模大端朝下放入底座内，使底座的定位销插在凸模端面的定位孔中；

② 将凹模放在凸模上，使凸模、凹模紧密配合；

③ 边旋转凹模边将称好的料粉从顶针孔倒入型腔中；

④ 轻轻将顶针插入顶针孔内，然后再将限位块穿在顶针上；

⑤ 旋转凹模 360° 以上，使顶针高出限位块上端面 2mm。

（3）压制：

① 启动压机，将“选择钮”调到“单次”位；

② 将模具送入压板中央；

③ 按“循环启动”按钮，进行压制。

（4）退模：

① 取出模具退模取罩，检验粉末罩外观、罩重和壁厚差；

② 将合格品摆放在盛罩盘上，不合格品定置摆放。

（5）结束：

① 工作完毕，将控制面板上的“选择钮”调到“手动”位，关闭电源；

② 清理现场；

③ 填写“粉末罩生产跟踪卡”。

操作安全提示：

（1）穿戴好劳动保护用品。

（2）设备运行时，严禁进入设备工作区内。

（3）搬运模具时，注意防止重物砸伤。

12. 粉末罩压制自检操作。

准备工作：

（1）正确穿戴劳动保护用品。

（2）工器具、材料准备：壁厚差检测仪，电子秤/天平，盛罩盘。

操作程序：

（1）检查粉末罩的外观，粉末罩内外表面无杂质、油污、裂纹、残缺为合格品。

（2）用电子秤/天平称量粉末罩的罩重，测量结果在工艺要求范围内为合格品。

（3）用壁厚差检测仪测量粉末罩的壁厚差，测量差值在工艺要求范围内为合格品。

（4）将检验后的合格品按要求摆放在盛罩盘内，不合格品定置摆放。

（5）填写“粉末罩生产跟踪卡”。

操作安全提示：

（1）穿戴好劳动保护用品。

（2）检验、摆放粉末罩时，注意轻拿轻放。

13. 粉末罩烘干操作。

准备工作：

（1）正确穿戴劳动保护用品。

（2）设备准备：电热烘干箱。

（3）工器具、材料准备：烘罩车，转运车，盛罩盘。

操作程序：

（1）闭合电热烘干箱的空气开关。

（2）按烘干箱“启动”按钮，启动烘干箱。

（3）按照相应型号粉末罩工艺要求设定恒温温度，烘干箱预热30min。

（4）用转运车将工位上装满粉末罩的盛罩盘转运到烘干室内，将盛罩盘按要求摆放在烘罩车上。

（5）烘干箱预热完毕，打开烘干箱门，将烘罩车推入烘干箱内。

（6）关闭烘干箱门，按工艺要求设定恒温时间。

（7）当烘干时间达到设定时间后，关闭电源，打开烘干箱门散热。

（8）当烘干箱内烘罩车温度降到室温时，拉出烘罩车，关闭烘干箱门，将烘罩车送入检验室。

⑼ 填写“粉末罩生产跟踪卡”。

操作安全提示：

⑴ 穿戴好劳动保护用品。

⑵ 烘干箱预热完毕，推入烘罩车时注意避免高温烫伤。

⑶ 搬运装罩托盘时注意轻拿轻放，避免磕碰。

⑷ 烘干完毕后，必须进行散热。

14. 粉末罩通检操作。

准备工作：

⑴ 正确穿戴劳动保护用品。

⑵ 工器具、材料准备：壁厚差检测仪，顶厚检测仪，电子秤 / 天平，叉车，叉板，周转箱。

操作程序：

⑴ 检查粉末罩的外观，粉末罩内外表面无杂质、油污、裂纹、残缺为合格品。

⑵ 用天平称量粉末罩的罩重，测量结果在工艺要求范围内为合格品。

⑶ 用壁厚差检测仪测量粉末罩的壁厚差，测量差值在工艺要求范围内为合格品。

⑷ 用顶厚检测仪测量粉末罩的顶端厚度，测量值在工艺要求范围内为合格品。

⑸ 按照粉末罩摆放工艺标准，将合格的粉末罩按不同的凸模编号分别摆放在检验台上。

⑹ 按照凸模编号组批，并填写“粉末罩生产跟踪卡”“粉末罩通检记录”“粉末罩转序卡”。

⑺ 将组批后的粉末罩装入周转箱内摆放，每摞不得多于 5 发，将“粉末罩转序卡”放入对应周转箱内。

⑻ 将装好粉末罩的周转箱整齐摆放在叉板上，报请

质检部门抽验。

(9) 接收《半成品检验报告》后，核对《半成品检验报告》相应粉末罩的批号、型号、数量。

(10) 用叉车将合格品粉末罩入库定置摆放，不合格品定置存放。

操作安全提示：

(1) 穿戴好劳动保护用品。

(2) 检验粉末罩时，注意轻拿轻放。

(3) 搬运装罩周转箱时，注意避免重物砸伤。

15. 粉末罩壁厚差检测操作。

准备工作：

(1) 正确穿戴劳动保护用品。

(2) 工器具、材料准备：壁厚差检测仪，粉末罩。

操作程序：

(1) 旋转刻度盘使百分表归零。

(2) 调整调节滑块，提起百分表测头，放入粉末罩，使测量头处于粉末罩母线的中点，旋紧固定滑块螺杆，使调节滑块固定。

(3) 缓慢转动粉末罩 360° 以上测量壁厚，记录壁厚检测结果的最大值和最小值。

(4) 计算粉末罩壁厚差（测量结果最大值 - 测量结果最小值）。

(5) 根据计算结果判定壁厚差是否符合工艺要求。

(6) 检测完毕，将合格粉末罩和不合格粉末罩分类定置摆放。

(7) 清理现场，定置摆放量具。

操作安全提示：

(1) 穿戴好劳动保护用品。

(2) 检验粉末罩时，注意轻拿轻放。

16. 粉末罩顶端厚度检测操作。

准备工作：

(1) 正确穿戴劳动保护用品。

(2) 工器具、材料准备：顶端厚度检测仪，粉末罩。

操作程序：

(1) 调整百分表位置，使百分表测量头与下支撑点同轴。

(2) 旋转刻度盘使百分表归零。

(3) 一只手提起百分表测头，另一只手放入粉末罩。

(4) 检测粉末罩顶端厚度并记录检测数据。

(5) 检测完毕，按工艺标准判定粉末罩顶端厚度是否符合工艺要求。

(6) 将合格粉末罩和不合格粉末罩分类定置摆放。

(7) 清理现场，定置摆放量具。

操作安全提示：

(1) 穿戴好劳动保护用品。

(2) 检验粉末罩时，注意轻拿轻放。

17. 粉末罩罩重检测操作。

准备工作：

(1) 正确穿戴劳动保护用品。

(2) 工器具、材料准备：电子秤 / 天平，粉末罩。

操作程序：

(1) 取 5 发外观合格的粉末罩。

(2) 将电子秤 / 天平放在操作台上，校正电子秤 / 天平（使用天平：按工艺要求的重量在右盘内正确摆放砝码）。

（3）检验粉末罩重量并记录检测结果。

（4）按工艺要求判定粉末罩是否合格。

（5）将合格品和不合格品分类定置摆放。

（6）清理现场，定置摆放量具。

操作安全提示：

（1）穿戴好劳动保护用品。

（2）检验粉末罩时，注意轻拿轻放。

18. 天平的使用操作。

准备工作：

（1）正确穿戴劳动保护用品。

（2）工器具、材料准备：天平。

操作程序：

（1）将天平放在平稳的桌面上，先校正天平，即把游码拨到左端零刻度处，检查天平是否平衡，即指针是否指在刻度盘中央。调节天平两侧的调节螺母，直至天平平衡。

（2）称量时，按照“左物右码”的原则，即称量时把物体放在左侧托盘，砝码放在右侧托盘，砝码用镊子夹取，加砝码时，按照先小后大的原则，根据需要移动游码，直到天平保持平衡为止。

（3）称量完毕后，将游码拨回零刻度，砝码放至砝码盒中。

（4）清理现场，定置摆放量具。

操作安全提示：

穿戴好劳动保护用品。

19. 点检混粉机操作。

准备工作：

（1）正确穿戴劳动保护用品。

（2）设备准备：混粉机。

（3）工器具、材料准备：活动扳手，听音棒，万用表，一字、十字螺丝刀。

操作程序：

（1）检查筒盖部件是否齐全，桶盖焊点是否完好无裂痕。

（2）检查漏料口部件是否齐全，密封垫是否完好无破损。

（3）用开口扳手检查支架固定是否牢固。

（4）用听音棒检查电动机运转情况，是否有异常响动。

（5）用万用表检查电动机各相是否正常。

（6）用听音棒检查减速器运转情况，有无异常响动。

（7）检查联轴器啮合情况，有无裂纹，有无异常响动。

（8）用活动扳手检查底座固定是否牢固。

（9）检查电气箱内部是否清洁，元件是否整齐。

（10）清理现场，回收工器具。

操作安全提示：

（1）穿戴好劳动保护用品。

（2）电动机是否缺相，检查需对混粉机皮带拆除后进行。

（3）电路检查时需断电并要在一人监护下进行。

（4）正确使用工器具，防止磕碰。

20. 点检筛粉机操作。

准备工作：

（1）正确穿戴劳动保护用品。

（2）设备准备：筛粉机。

（3）工器具、材料准备：活动扳手，听音棒，万用表，一字、十字螺丝刀。

操作程序：

（1）用活动扳手检查底座固定螺栓是否牢固。

（2）用扳手检查弹簧固定螺栓是否牢固。

（3）用活动扳手检查筛框螺栓紧固情况。

（4）打开观察孔检查电动机配重是否在原位。

（5）检查电缆过孔处外皮是否完好。

（6）检查筛子振动情况。

（7）检查筛子噪声情况。

（8）清理现场，回收工器具。

操作安全提示：

（1）穿戴好劳动保护用品。

（2）筛粉机运行时，严禁接触筛粉机。

（3）正确使用工器具，防止磕碰。

21. 点检粉末罩压机操作。

准备工作：

（1）正确穿戴劳动保护用品。

（2）设备准备：四柱液压机。

（3）工器具、材料准备：活动扳手，开口扳手，听音棒，内六角扳手，万用表，一字、十字螺丝刀。

操作程序：

（1）用活动扳手检查电动机机座螺丝是否紧固。

（2）检查电动机运转情况，用听音棒是否有异常响动。

（3）用万用表检查电动机是否缺相。

（4）检查泵体运转情况、温度情况及有无异常响声。

（5）检查油泵进出油情况，接头是否松动漏油。

（6）检查油箱油标窗口是否清晰，油位指示是否正常，是否缺油。

（7）检查电磁阀线头是否脱落，液压阀是否漏油。

（8）检查管路各接头是否紧固良好，是否漏油，电气线路是否规整不凌乱。

（9）检查四柱、主缸、工作台、行程开关、地脚螺栓情况。

（10）检查电气箱、压力表情况。

（11）检查附件是否齐全、完好。

（12）清理现场，回收工器具。

操作安全提示：

（1）穿戴好劳动保护用品。

（2）在液压机顶部检查时，需佩戴高处作业安全带。

（3）正确使用工器具，防止磕碰。

22. 筛粉机保养操作。

准备工作：

（1）正确穿戴劳动保护用品。

（2）设备准备：筛粉机。

（3）工器具、材料准备：开口扳手，内六角扳手，万用表，一字、十字螺丝刀，清洁布，电动机油，筛网，弹跳球。

操作程序：

（1）清洁筛粉机外表粉尘、油污。

（2）检查电动机运转是否正常运转，是否缺油。

（3）检查筛网是否损坏，如有损坏需更换筛网。

（4）检查调整块角度，更换弹跳球。

（5）清理现场，回收工器具。

操作安全提示：

（1）穿戴好劳动保护用品。

（2）正确使用工器具，防止磕碰。

23. 混粉机保养操作。

准备工作：

（1）正确穿戴劳动保护用品。

（2）设备准备：混粉机。

（3）工器具、材料准备：开口扳手，内六角扳手，万用表，一字、十字螺丝刀，清洁布，润滑油，各种常用零部件。

操作程序：

（1）擦洗外表及各罩盖使之清洁、无油污、无粉尘。

（2）擦洗支架和底座使之清洁无污。

（3）检查滚筒各部件是否齐全，如缺少则补齐。

（4）检查减速器润滑是否良好，如润滑不良需加注或更换润滑油。

（5）检查皮带外观是否有损坏，如有损坏需更换皮带。

（6）检查各开关是否灵敏可靠。

（7）清扫检修电气箱，使箱内清洁、线路规范。

（8）检查各电气元件使之固定整齐。

（9）清扫电动机使之清洁。

（10）清理现场，回收工器具。

操作安全提示：

（1）穿戴好劳动保护用品。

（2）正确使用工器具，防止磕碰。

24. 启动、停止粉末罩压机操作。

准备工作：

（1）正确穿戴劳动保护用品。

（2）设备准备：四柱液压机。

（3）工器具、材料准备：卡具。

操作程序：

(1) 接通压机电源，系统供电。

(2) 打开气阀开关，系统供气。

(3) 按“电动机启动”按钮，启动粉末罩振动压机电动机；

(4) 按“全机静止”按钮。

(5) 将“选择钮”调到“手动”位。

(6) 按“滑块回程”按钮使滑块回程至上限位。

(7) 按“工装抬头”按钮完成工装抬头动作。

(8) 按“舌头退回”按钮完成舌头及推块缩回动作。

(9) 插入卡具，清理工装内积粉后，取下卡具。

(10) 按“工装低头”按钮完成工装低头动作。

(11) 按“总停”按钮。

(12) 关闭气源、电源。

操作安全提示：

(1) 穿戴好劳动保护用品。

(2) 设备运行时，严禁进入设备工作区内。

25. 调试粉末罩压机操作。

准备工作：

(1) 正确穿戴劳动保护用品。

(2) 设备准备：四柱液压机。

(3) 工器具、材料准备：撮子，粉材。

操作程序：

(1) 用撮子将粉材倒入料斗中。

(2) 启动压机：接通电源、打开气源开关，按“电动机启动”按钮启动电动机。

(3) 将“选择钮”调到“手动”或“调整”位，按“滑块回程”按钮，使滑块回程至上限位。

(4) 按“工装抬头”按钮，将工装压头抬起。

(5) 按“舌头伸出”按钮，将舌头、推块伸出；使用“舌头调压”手阀调节伸舌气压，使伸舌动作灵敏可靠；使用“推出调压”手阀调节推出气压，使推块推出动作灵敏可靠。

(6) 按“舌头退回”按钮，舌头与推块退回。

(7) 按“工装低头”按钮，工装头部落下。

(8) 将“选择钮”调到“单次”位，按“循环启动”按钮，压制一发粉末罩。

(9) 调整工装的振动次数、振动频率，使粉末罩压机的各项参数符合粉末罩生产的工艺要求。

(10) 将“选择钮”调到“手动”或“调整”位，关闭压机，关闭气源、电源。

(11) 清理现场。

操作安全提示：

(1) 穿戴好劳动保护用品。

(2) 设备运行时，严禁进入设备工作区内。

26. 调节粉末罩压机行程操作。

准备工作：

(1) 正确穿戴劳动保护用品。

(2) 设备准备：四柱液压机。

(3) 工器具、材料准备：活动扳手。

操作程序：

(1) 打开压机电源，气源，启动粉末罩压机。

(2) 将“选择钮”调到“手动”或“调整”位。

(3) 按压机“回程”按钮，使滑块回程至上限位。

（4）按“工装抬头”按钮，使工装抬头。

（5）调整上限位，活动滑块位置使压头距离工装上端约 30 ～ 50mm。

（6）用活动扳手调整并固定上限位接近开关，使之与检测板间隙为 1 ～ 3mm。

（7）按“工装低头”按钮，使工装低头。

（8）按“滑块下行”按钮使滑块下行至压头距离工装上端约 30 ～ 50mm 处停止。

（9）用活动扳手调整并固定慢速接近开关，使之与检测板间隙为 1 ～ 3mm。

（10）按压机“回程”按钮，使滑块回程至上限位，将“选择钮”调到“自动”位。

（11）按“循环启动”按钮，开始工作。

（12）工作完毕，将“选择钮”调到“手动”位，关闭压机，切断电源，关闭气源开关。

（13）清理现场。

操作安全提示：

（1）穿戴好劳动保护用品。

（2）设备运行时，严禁进入压机工作区内。

27. 调节粉末罩压机输出压力操作。

准备工作：

（1）正确穿戴劳动保护用品。

（2）设备准备：四柱液压机。

（3）工器具、材料准备：开口扳手，压块，一字螺丝刀。

操作程序：

（1）接通电源，启动压机。

(2) 将“选择钮”调到“手动”位。

(3) 打开压力继电器扣盖，松开压力继电器微动开关，调节系统压力和安全阀手柄使其压力达到最高，拧紧顶丝。

(4) 将压块放在压机底座上，压制检查系统压力。

(5) 松开系统压力高压端调节手柄顶丝，调节系统压力为23MPa，拧紧顶丝。

(6) 松开安全阀调节手柄顶丝，调节安全阀压力为20MPa，拧紧顶丝。

(7) 松开压力继电器顶丝，调节压力继电器压力为15MPa，拧紧顶丝上好扣盖。

(8) 将“选择钮”调到“手动”位，关闭压机，切断电源。

(9) 清理操作现场，整理工器具。

操作安全提示：

(1) 穿戴好劳动保护用品。

(2) 正确使用工器具，防止磕碰。

28. 安装粉末罩压机三联件操作。

准备工作：

(1) 正确穿戴劳动保护用品。

(2) 设备准备：四柱液压机。

(3) 工器具、材料准备：管钳，活动扳手，开口扳手，内六角扳手，三联件。

操作程序：

(1) 取下过滤器、油雾器的玻璃罩，用棉布清洁过滤器、油雾器。

(2) 用内六角扳手依次将气动开关、过滤器、气压开关和油雾器连接并固定，组装成三联件。

(3) 用活动扳手和管钳将气动主管线与三联件连接并固定在电控箱上。

(4) 打开气源开关，接通粉末罩压机电源。

(5) 将“选择钮”调到“手动”位，按“电动机启动”按钮启动压机，压机达到正常工作状态。

(6) 关闭压机，关闭气源，切断电源。

(7) 清理现场，整理工器具。

操作安全提示：

(1) 穿戴好劳动保护用品。

(2) 正确使用工器具，防止磕碰。

29. 保养粉末罩压机操作。

准备工作：

(1) 正确穿戴劳动保护用品。

(2) 设备准备：四柱液压机。

(3) 工器具、材料准备：开口扳手，内六角扳手，听音棒，万用表，一字、十字螺丝刀，管钳，清洁布，液压油，常用配件。

操作程序：

(1) 清洗机床外表及各死角油污，达到物见本色。

(2) 清洗油箱外表，使之清洁，油标清晰。

(3) 检查油箱油位是否符合要求，是否需要加注液压油。

(4) 检查各管线、接头是否渗漏，是否需要更换密封圈。

(5) 检查阀体动作是否可靠，动作不可靠的进行调整或检修。

(6) 用万用表及听音棒检查电动机是否运转正常。

（7）检查油泵工作是否正常无杂音。

（8）检查各行程开关是否灵活有效。

（9）检查各开关、按钮、指示灯是否有效、准确。

（10）用一字、十字螺丝刀检查各电路是否规范，发现凌乱处进行整理，线路接头紧固可靠。

（11）清洁电气箱，使内外清洁。

（12）用活动扳手检查并紧固主机各紧固部件。

（13）用活动扳手检查并紧固电动机紧固螺栓。

（14）清理现场，回收工器具。

操作安全提示：

（1）穿戴好劳动保护用品。

（2）正确使用工器具，防止磕碰。

（3）在液压机顶部检查时，需佩戴高处作业安全带。

30. 壳体检验操作。

准备工作：

（1）正确穿戴劳动保护用品。

（2）工器具、材料准备：刀片，垫片，周转盘，周转小车。

操作程序：

（1）将周转盘并排摆放在周转车上。

（2）用刀片拆开纸箱，将壳体大口端朝上逐发摆放在周转盘上。

（3）摆放过程中，检查壳体，依照公司《弹壳技术条件》要求，剔除不合格品，定置存放。

（4）检查垫片，将有粘连、形状不完整的剔除。

（5）每发壳体内放入一片垫片，垫片在壳体内底部居中放置，完全覆盖传爆孔。

（6）每辆周转车不超过规定层数，定置摆放。

（7）清理现场，填写“射孔弹壳体转序卡”。

操作安全提示：

（1）穿戴好劳动保护用品。

（2）防止壳体摆放不稳导致砸伤。

（3）拆箱防止意外划伤。

31. 壳体挤压丝操作。

准备工作：

（1）正确穿戴劳动保护用品。

（2）设备准备：挤压丝机。

（3）工器具、材料准备：刀片，垫片，周转盘，托盘架，周转小车，挤压丝模具，压丝。

操作程序：

（1）将周转盘并排摆放在周转车上。

（2）用刀片拆开纸箱，将壳体大口端朝下逐发摆放在周转盘上。

（3）摆放过程中，检查壳体，依照《弹壳技术条件》条例，剔除不合格品。

（4）将符合规格的压丝插入到壳体的压丝孔中。

（5）将组装好的挤压丝模具平稳插到放好压丝的壳体上部。

（6）将组装好的壳体和挤压丝模具一体平稳地放入压机轮盘上的定位环中。

（7）启动挤压丝机，调整到“循环模式”，点击“工作”，完成压丝的挤压。

（8）将挤压完成的壳体从定位环中取出，拔出挤压丝模具。

(9) 检查：①查看挤压丝刀头模块是否完好无损伤；②查看挤压完成后的压丝孔闭合是否无空隙；③拔压丝，确认是否牢固，轻轻摇动压丝，确保压丝在轻微晃动后仍然牢固。

(10) 周转盘中放入托盘架，将挤压完成的壳体大口端朝上摆入托盘架中。

(11) 检查垫片，将有粘连、形状不完整的剔除。

(12) 每发壳体内放入一片垫片，垫片在壳体内底部居中放置，完全覆盖传爆孔。

(13) 每辆周转车不超过规定层数，定置摆放。

(14) 关闭挤压丝机，清理现场，填写“射孔弹壳体转序卡”。

操作安全提示：

(1) 穿戴好劳动保护用品。

(2) 防止壳体摆放不稳导致砸伤。

(3) 拆箱防止意外划伤。

(4) 预防压丝挤压和轮盘转动过程中挤伤手部。

32. 配制射孔弹封口胶操作。

准备工作：

(1) 正确穿戴劳动保护用品。

(2) 工器具、材料准备：胶水，天平，铝粉，搅拌棒，专用容器。

操作程序：

(1) 将天平放置水平台面，进行调平。

(2) 按工艺标准称取铝粉放入专用容器内。

(3) 打开胶水瓶盖，用专用容器将铝粉缓慢倒入胶水瓶内。

(4) 用搅拌棒缓慢搅拌至均匀。

(5) 将胶水瓶盖拧紧。

(6) 清理现场。

操作安全提示:

(1) 穿戴好劳动保护用品。

(2) 防止胶水散发出的刺激性气味对嗅觉造成伤害。

(3) 操作中防止胶水溅出，灼伤皮肤。

33. 炸药称量操作。

准备工作:

(1) 正确穿戴劳动保护用品。

(2) 工器具、材料准备：壳体，天平，砝码，配重片，铜质称药勺（铜勺），铜质称药撮（铜撮），铜质圆托盘，周转盘。

操作程序:

(1) 将天平放置在水平台面并进行校正，把铜质称药撮放在天平左侧托架上，铜质圆托盘及配重片放到右侧托架上，再次校正天平，校正后的天平不得移动，若移动需重新校正。

(2) 按照工艺标准在铜质圆托盘内放入砝码，调节游码，使药量满足工艺要求。

(3) 用铜勺取炸药缓慢倒入铜撮内，直至天平指针居中、静止，将称量好的炸药缓慢装入壳体。

(4) 轻轻晃动壳体，使炸药均匀平铺在壳体内，不得撒药。

(5) 装有炸药的壳体整齐摆放在周转盘中，且工作台上不应超过规定数量。

(6) 收拾工器具，清理现场。

操作安全提示:

(1) 穿戴好劳动保护用品。

（2）防止爆炸、静电、黑金属撞击，轻拿轻放。

34. 安装、拆卸合压工装操作。

准备工作：

（1）正确穿戴劳动保护用品。

（2）工器具、材料准备：内六角扳手，加力杆，梅花扳手，铜锤，液压升降车。

（3）彻底清理台面炸药。

操作程序：

（1）启动压机，将按钮调至“调整”挡位。

（2）按“双手下行”按钮，将上工装与下工装合并。

（3）用梅花扳手松开上工装与压机滑块的固定螺栓。

（4）用内六角扳手和加力杆将下工装固定螺栓卸下。

（5）将工装推到液压升降车上，平稳拉出防爆间。

（6）将准备更换的工装推进防爆间，推到工作台上。

（7）按钮调至“调整”挡位，按“双手下行”按钮使工装顶部螺母进入压机中心孔。

（8）用梅花扳手和管钳将工装底部螺栓紧固。

（9）检查工装是否牢固。

（10）收拾工器具，清理现场。

操作安全提示：

（1）穿戴好劳动保护用品。

（2）压机台面禁止残留炸药，防止爆炸。

（3）工装搬运、安装时，防止掉落导致砸伤、碰伤。

35. 启动、停止合压压机操作。

准备工作：

（1）正确穿戴劳动保护用品。

（2）设备准备：四柱液压机。

操作程序：

（1）接通压机电源，系统供电，指示灯亮。

（2）打开气阀开关，系统供气，气压表显示气压符合要求。

（3）按“启动”按钮，启动压机。

（4）将“选择开关”调至“调整”挡位。

（5）按“滑块回程”按钮确保滑块回到上限位。

（6）按“总停”按钮。

（7）关闭气阀开关。

（8）关闭电源。

操作安全提示：

（1）穿戴好劳动保护用品。

（2）设备异常，及时报告。

36. 调试合压压机操作。

准备工作：

（1）正确穿戴劳动保护用品。

（2）设备准备：四柱液压机。

操作程序：

（1）启动合压压机，预热5min。

（2）将“选择开关”调至“调整”挡位。

（3）按“双手下行”“回程”按钮，反复活动设备5次。

（4）按“顶缸顶出”“顶缸退回”按钮，反复活动设备5次。

（5）按要求设定顶出时间。

（6）按“回程”按钮使压机滑块停在压机上限位，按“顶缸退回”使顶出停在下限位。

(7) 将“选择开关”调至“单次”，使压机处于工作状态，试压制 5 发射孔弹。

(8) 检验试压品质量情况，是否符合工艺要求，根据情况调试，直至符合该型号射孔弹的各项工艺要求。

操作安全提示：

(1) 穿戴好劳动保护用品。

(2) 压制过程中禁止进入压药间。

(3) 保证扶正套放平、放到位，清理浮药及时，禁止黑金属撞击。

37. 安装模具操作。

准备工作：

(1) 正确穿戴劳动保护用品。

(2) 工器具、材料准备：内六角扳手，加力杆，勾头扳手，铜锤，模具。

操作程序：

(1) 启动压机，将按钮调至“调整”挡位。

(2) 调整行程开关，按“回程”按钮，使上工装与下工装分开。

(3) 将准备好的中模放入下工装底部，保证中模与工装上的四孔对正。

(4) 用内六角扳手及加力杆将螺栓对角紧固。

(5) 将凹模与顶出杆用铜销连接，放到安装好的中模内。

(6) 按“双手下行”按钮，待导柱进入导套至合适位置，用勾头扳手将凸模紧固到工装顶部。

(7) 调试工装，按“双手下行”“回程”“顶缸顶出”“顶缸退回”按钮，活动压机，检查是否有异响。

(8) 把壳放入中模内，按“双手下行”按钮，使凸模进入壳体内腔 1 ～ 2mm，检验是否有挤压壳体现象；如果有，调试凸模与中模处于同轴线；如果没有，按压机“回程”按钮，将压机滑块定在正常工作位置。

(9) 固定行程开关。

(10) 收拾工器具，清理现场。

操作安全提示：

(1) 穿戴好劳动保护用品。

(2) 压机台面禁止残留炸药，防止爆炸。

(3) 工装搬运、安装时，防止掉落导致砸伤、碰伤。

38. 射孔弹压制操作。

准备工作：

(1) 劳动保护用品穿戴整齐并释放静电。

(2) 工器具、材料准备：铜锥，纱布，粉末罩，扶正套。

操作程序：

(1) 启动并调试压机，检查压机各项工艺参数及防爆门是否处于正常工作状态。

(2) 将装好炸药的壳体平稳放入中模内，不得撒药。

(3) 将扶正套平稳放到中模上。

(4) 将粉末罩开口朝上，平稳放入扶正套内，粉末罩开口与扶正套口应平齐。

(5) 按“双手下行”按钮，防爆门自动关闭，压机自动压制。

(6) 压制完成后，防爆门自动打开，取下扶正套。

(7) 取出射孔弹，放入下一发装好炸药的壳体，重复 (2) ～ (6) 操作。

(8) 用铜锥、纱布按要求清理凸模、中模、顶出器内的浮药。

(9) 收拾工器具，清理现场。

操作安全提示：

(1) 穿戴好劳动保护用品并释放静电。

(2) 压制过程中禁止进入压药间。

(3) 保证扶正套放平、放到位，清理浮药及时，禁止黑金属撞击。

39. 射孔弹自检。

准备工作：

(1) 正确穿戴劳动保护用品。

(2) 工器具、材料准备：纱布，铜锥，周转盘。

操作程序：

(1) 用铜锥清理射孔弹传爆孔和大端开口的浮药，用纱布擦拭射孔弹内外表面。

(2) 检查壳体：壳体表面清洁，无裂纹、无掉镀。

(3) 检查粉末罩：粉末罩无松动、无脱落、无裂纹，罩内表面无药斑、无浮药、无残胶。

(4) 检查传爆孔：传爆孔无缺药。

(5) 检查压入深度：符合工艺标准规定。

(6) 合格品放入周转盘，不合格品定置存放。

操作安全提示：

(1) 穿戴好劳动保护用品。

(2) 操作中轻拿轻放，禁止敲击、磕碰。

(3) 防止铜锥清弹时不慎划伤。

40. 射孔弹涂封口胶操作。

准备工作：

(1) 正确穿戴劳动保护用品。

（2）工器具、材料准备：配制好的专用胶水，周转盘。

操作程序：

（1）胶水使用前先摇晃均匀，再将胶液均匀涂在粉末罩大口端与壳体开口端相接处，防止胶液流入粉末罩内。

（2）将涂完胶的射孔弹大口端向上，晾干胶液。

（3）检查是否有流胶、漏涂、导爆索槽内粘有异物的情况，如有进行擦拭、修整。

（4）将晾干的射孔弹大口端向下整齐地摆放在周转盘内。

（5）填写“射孔弹生产跟踪卡”“班组生产情况记录”。

操作安全提示：

（1）穿戴好劳动保护用品。

（2）防止胶水散发出的刺激性气味导致嗅觉伤害。

（3）操作中防止胶水溅出，灼伤皮肤。

（4）轻拿轻放，禁止敲击、磕碰。

41. 点检合压压机操作。

准备工作：

（1）正确穿戴劳动保护用品。

（2）设备准备：四柱液压机。

（3）工器具、材料准备：活动扳手，听音棒，万用表，一字、十字螺丝刀。

操作程序：

（1）用活动扳手检查电动机机座螺栓是否紧固。

（2）检查电动机运转情况，用听音棒检查是否有异常响动。

（3）用万用表检查电动机是否缺相。

（4）检查泵体运转情况、温度情况及有无异常响声。

（5）检查油泵进出油情况、接头是否松动漏油。

（6）检查油箱油标窗口是否清晰、油位是否正常、是否缺油。

（7）检查电磁阀线头是否脱落、液压阀是否漏油。

（8）检查管路各接头是否紧固良好、是否漏油，电气线路是否规整不凌乱。

（9）检查四柱、主缸、工作台、行程开关、地脚螺栓情况。

（10）检查电气箱、压力表情况。

（11）检查附件是否齐全、完好。

（12）清理现场，回收工器具。

操作安全提示：

（1）穿戴好劳动保护用品。

（2）正确使用工器具，防止磕碰。

（3）如设备出现异常，及时报告。

42. 合压压机保养操作。

准备工作：

（1）正确穿戴劳动保护用品。

（2）设备准备：四柱液压机。

（3）工器具、材料准备：活动扳手，听音棒，万用表，一字、十字螺丝刀。

操作程序：

（1）清洗机床外表及各死角油污，达到物见本色。

（2）清洗油箱外表，使之清洁，油标清晰。

（3）检查油箱油位是否符合要求，是否需要加注液压油。

（4）检查各管线、接头是否渗漏，是否需要更换密封圈。

（5）检查阀体动作是否可靠，动作不可靠的进行调整或检修。

（6）用万用表及听音棒检查电动机是否运转正常。

（7）检查油泵工作是否正常无杂音。

（8）检查各行程开关是否灵活有效。

（9）检查各开关、按钮、指示灯是否有效、准确。

（10）用一字、十字螺丝刀检查各电路是否规范，发现凌乱处进行整理，线路接头紧固可靠。

（11）清洁电气箱，使内外清洁。

（12）用活动扳手检查并紧固主机各紧固部件。

（13）用活动扳手检查并紧固电动机紧固螺栓。

（14）清理现场，回收工器具。

操作安全提示：

（1）穿戴好劳动保护用品。

（2）正确使用工器具，防止磕碰。

（3）如设备出现异常，及时报告。

43. 射孔弹成品转运操作。

准备工作：

（1）正确穿戴劳动保护用品。

（2）工器具：运转车。

操作程序：

（1）统计人员记录核对各压机的射孔弹生产数量及型号。

（2）转运车摆放弹盘最多限摆二排，每排不超过二层，转运时至少两人一组。

（3）运送过程中保持车体平稳，避免颠簸磕碰。

（4）转运至下一工位后，将周转弹盘按照要求摆放于周转架上，搬运过程中轻拿轻放。

（5）与接收人核对数量，填写“成品弹交接记录”。

（6）工作结束，检查车体无异常后放回原位。

操作安全提示：

（1）穿戴好劳动保护用品。

（2）转运过程中，防止打滑、滑落，造成碰伤及扭伤等机械伤害。

44. 配制射孔弹用压丝胶操作。

准备工作：

（1）正确穿戴劳动保护用品。

（2）工器具、材料准备：搅拌棒，长柄不锈钢勺，天平，HN-304 胶，固化剂，铝粉，盛胶小盒，配胶容器。

操作程序：

（1）检查、确认 HN-304 胶、固化剂瓶盖封口是否密封良好。

（2）打开风机电源控制箱门，按下绿色控制开关按钮，启动风机。

（3）校正天平，把配胶容器放在天平左托盘上再次进行调平。

（4）打开胶桶盖，用长柄不锈钢勺将胶液搅拌均匀。

（5）用长柄不锈钢勺盛取 HN-304 胶液倒入配胶容器内，根据生产所需称量胶液的重量。

（6）按比例称取固化剂和铝粉，倒入盛放胶液的配胶容器内，用搅拌棒充分搅拌均匀。

（7）将配制好的胶液倒入盛胶小盒内，发放使用。

（8）收拾工器具，清理操作现场。

（9）填写配胶记录。

操作安全提示：

（1）正确穿戴劳动保护用品。

(2) 配胶操作前打开风机。

(3) 操作过程中，试剂要轻拿轻放，避免倾洒、外泄。

45. 封传爆孔和粘压丝操作。

准备工作：

(1) 正确穿戴劳动保护用品。

(2) 工器具、材料准备：油漆笔，水溶漆，压丝胶，压丝，周转盘，纱布。

操作程序：

(1) 用纱布清除导爆槽内浮药。

(2) 使用油漆笔蘸取水溶漆涂刷导爆槽，使导爆索槽附着上一层水溶漆，封住传爆孔。

(3) 检查压丝质量，表面清洁、无油污、无铁锈且两脚平齐的方可使用。

(4) 压丝两脚沾取压丝胶，将压丝双脚插入压丝孔内，轻晃压丝，消除气泡。

(5) 压丝孔内应充满胶液，避免胶液流出，如有流出立即清理。

操作安全提示：

(1) 正确穿戴劳动保护用品。

(2) 操作过程中抬周转盘时，要轻抬轻放，避免碰伤。

(3) 周转盘要摆放整齐，摞放高度不得超过规定层数，防止倾倒。

46. 射孔弹检验操作。

准备工作：

(1) 正确穿戴劳动保护用品。

(2) 工器具、材料准备：待检射孔弹，铜钎，110 胶水，纱布，周转盘，周转车。

操作程序：

（1）工作前检查周转架是否牢固，周转车是否牢固，车轮是否灵活、无损坏，周转车接地是否良好。

（2）检验操作时应轻拿轻放，严禁磕碰，禁用黑金属工具。

（3）按照《射孔弹技术条件》的标准，通检射孔弹外观质量。

（4）如壳体表面有流胶，用铜钎清除干净。

（5）检查压丝胶的固化情况。

（6）检查压丝孔是否缺胶，压丝孔缺胶用110胶补胶。

（7）检验出的废品进行登记，做好标识，集中存放在废品区。

（8）对检验合格的射孔弹进行组批。

（9）工作结束后，清理工作现场。

（10）填写“射孔弹通检记录”“射孔弹检验通知单”。

操作安全提示：

（1）正确穿戴劳动保护用品。

（2）检验过程中应轻拿轻放，严禁磕、碰射孔弹。

（3）周转架和周转车上的射孔弹摆放高度不得超过规定层数。

（4）周转盘、周转架、周转车摆放整齐。

47. 启、停喷码机操作。

准备工作：

（1）正确穿戴劳动保护用品。

（2）设备准备：喷码机。

操作程序：

（1）喷码机启动前检查主机、支架、传送带及防爆箱的接地是否牢固，确保接地良好。

（2）将主回路电源控制开关由“分”拨向“合”，接通控制总电源。

（3）依次将防爆配电箱上的一回路、二回路、三回路电源控制开关由“分”拨向“合”，接通排风风机、传送带、断电延时器控制电源。

（4）按下喷码机右侧电源开关，接通喷码机电源。

（5）待喷码机进入启动页面后，按主屏幕右上方“开始喷印”按钮，完成喷码机的启动。

（6）喷码工作完成后，按下喷码机“停止”按钮，当喷码机提示清洗结束后，断开喷码机左侧控制电源。

（7）依次将防爆配电箱上的三回路、二回路、一回路、主回路电源控制开关由“合”拨向“分”，断开断电延时器、传送带、排风风机控制电源及总电源。

操作安全提示：

（1）按要求穿戴好劳动保护用品。

（2）操作前检查设备各部位的接地情况，确保接地良好。

48. 射孔弹喷码操作。

准备工作：

（1）正确穿戴劳动保护用品。

（2）设备准备：喷码机。

（3）工器具、材料准备：周转车，周转盘，流水号，编码单，合格证，射孔弹。

操作程序：

（1）按照正确的开机程序启动喷码机。

（2）待喷码机进入启动页面后，按主屏幕右上方“开始喷印”按钮，完成喷码机的启动。

（3）根据射孔弹的品种调整喷码机的喷码信息。

（4）喷码前对喷码机进行调试，调整电眼和喷头的位置。

（5）按要求启动传送带，试喷码一发查看喷码信息是否准确。

（6）将射孔弹开口朝下逐发摆放到传送带上，不得倾斜。

（7）在包装间出弹口将喷码后的射孔弹从传送带上取下，按顺序摆在周转盘中。

（8）检查喷码信息是否正确，喷码不清晰、不规范的射孔弹要重新喷码。

（9）工作完成后关闭喷码机开关。

（10）清理工作现场，物品定置摆放。

操作安全提示：

（1）按要求穿戴好劳动保护用品。

（2）操作前检查设备各部位的接地情况，确保接地良好。

（3）设备运行中出现异常情况应立即停止喷码并报告。

（4）喷码机在进行喷码工作时，对喷头或电眼进行调整必须在防爆间无弹的情况下进行。

49. 添加喷码机油墨、溶剂操作。

准备工作：

（1）正确穿戴劳动保护用品。

（2）工器具、材料准备：喷码机专用油墨、溶剂。

操作程序：

（1）当屏幕上提示缺少油墨或溶剂时，将油墨或溶剂瓶上的芯片对准喷码机“扫码”位置，屏幕提示可以添加油墨、溶剂后方可添加。

⑵ 检查待使用的油墨、溶剂是否在使用期限内。

⑶ 按照操作程序打开排风风机和窗户进行通风。

⑷ 打开喷码机箱顶盖，右侧容器储存油墨，左侧容器储存溶剂。

⑸ 向右侧容器内添加油墨，向左侧容器内添加溶剂，添加剂量不要超过容器的警示线位置，同时拧紧容器盖。

⑹ 添加结束后合上喷码机前盖，关闭排风风机和窗户。

操作安全提示：

⑴ 正确穿戴劳动保护用品。

⑵ 设备所使用的油墨和溶剂均为易燃易挥发物品，需在通风干燥的条件下添加。

⑶ 拧下容器盖时禁止拖拽，防止循环管线损坏。

⑷ 若不慎将溶剂溅落到皮肤上，应立即用清水冲洗。

50. 清洗喷码机喷头操作。

准备工作：

⑴ 正确穿戴劳动保护用品。

⑵ 工器具、材料准备：喷码机专用溶剂，洗壶，量杯，无尘纸。

操作程序：

⑴ 打开排风风机进行通风。

⑵ 确认喷码机必须处于关闭状态。

⑶ 向洗壶中倒入适量的喷码机专用溶剂。

⑷ 打开喷头罩锁紧螺栓，把量杯置于喷头下面，用洗壶向喷嘴片、充电极、偏转板及回收管上的油墨喷射溶剂，废溶剂流入量杯，存放到指定地点。

⑸ 用无尘纸将喷嘴片、充电极、偏转板及回收管等

部位擦干，用内六角扳手拧紧喷头罩锁紧螺栓。

（6）清洗结束后关闭排风风机。

操作安全提示：

（1）正确穿戴劳动保护用品。

（2）设备所使用的油墨和溶剂均为易燃易挥发物品，必须在通风的情况下进行清洗。

（3）若不慎将溶剂溅落到皮肤上，应立即用清水冲洗。

51. 启、停打包机操作。

准备工作：

（1）正确穿戴劳动保护用品。

（2）设备准备：打包机。

操作程序：

⑴ 将主电源控制开关由“分”拨向“合”，接通总电源。

（2）将打包机主机控制开关拨到“ON”挡。

（3）按下打包机急停（红色）按钮，启动打包机。

（4）启动后，待设备预热5min后方可进行打包作业。

（5）按下打包机急停（红色）按钮关闭打包机。

（6）将打包机主机控制开关拨到“OFF”挡。

⑺ 将主电源控制开关由“合”拨向“分”，切断总电源。

操作安全提示：

（1）正确穿戴劳动保护用品。

（2）操作前检查设备各部位的接地情况，确保接地良好。

（3）打包机进行调试、打包时，严禁操作者戴手套。

52. 条形码打印操作。

准备工作：

（1）正确穿戴劳动保护用品。

(2) 设备准备：条码机。

(3) 工器具、材料准备：条码纸，碳带。

操作程序：

(1) 双击桌面“生产管理数据采集”图标。

(2) 导入初始化文件，点击“…”按钮，选择“桌面”“2020”文件夹，选择文件即可。

(3) 输入单位卡密码。

(4) 进入系统界面，点击左上角“产品条码生成”(打印机图标)。

(5) 在“查询物品”的“物品类型”选择“3-油气井用爆破器材”，点击查询。

(6) 根据“物品名称”(代码)、“规格”(单箱数量)、“型号”“净重”，进行打印信息选择。

(7) 确定“打印日期”“批号”“起始号”“终止号”“打印份数”后，点击“生成条码”，右侧“条码预览列表”显示即将打印的条码，黑色代表可以打印，核对相关信息无误后开始打印，打印的条形码一式三份。

(8) 打印完成后填写打印记录。

操作安全提示：

(1) 正确穿戴劳动保护用品。

(2) 操作前必须检查设备各部位的接电情况，确保无漏电；

(3) 设备运行中出现异常情况应立即停止并报告。

53. 包装射孔弹操作。

准备工作：

(1) 正确穿戴劳动保护用品。

(2) 设备准备：打包机。

(3) 工器具、材料准备：胶带，手持喷码机，包装箱，合格证，流水号，射孔器材编码单，条形码，喷印完的射孔弹，垫板。

操作程序：

(1) 按照工艺要求使用手持喷码机标识包装箱。

(2) 填写合格证、流水号。

(3) 按照工艺要求把射孔弹按喷印的流水码顺序逐发放到包装箱内。

(4) 将产品合格证和射孔器材编码单放在包装箱内，用胶带封箱，将流水号、条形码贴在指定的位置。

(5) 按照操作程序启动打包机。

(6) 将包装箱放到打包机滚轮上进行打包。

(7) 打包完的包装箱按批次摆放在垫板上，高度不得超过规定层数，摆放牢固防止倾倒。

(8) 工作结束后，关闭打包机，清扫设备和工作现场。

操作安全提示：

(1) 正确穿戴劳动保护用品。

(2) 操作前必须检查设备各部位的接地情况，确保接地良好。

(3) 设备运行中出现异常情况应立即停止打包作业并报告。

(4) 用打包机进行打包时，严禁操作者戴手套。

54. 安装打包机打包带操作。

准备工作：

(1) 正确穿戴劳动保护用品。

(2) 设备准备：打包机。

(3) 工器具：打包带。

操作程序：

（1）将打包带固定在上带轮上，把打包带起始头塞入拉紧臂，穿过进带滚轴进入储带箱。

（2）打开储带箱门，将打包带拉入 500 ~ 800mm，然后塞入导带槽内，自动卡紧后，关上储带箱门。

（3）按照打包机安全操作规程，启动打包机。

（4）将进带按钮拨向“Ahead”（前进）方向，使打包带完全进入导带槽内。

（5）进行打包带使用调试，连续正常打包后，安装结束。

操作安全提示：

（1）正确穿戴劳动保护用品。

（2）操作前必须检查设备各部位的接地情况，确保接地良好后启动打包机。

（3）对安装的打包带进行调试时，严禁操作者戴手套。

55. 炸药加湿操作。

准备工作：

（1）正确穿戴劳动保护用品并释放静电。

（2）工器具、材料准备：铜制克丝钳，量筒，软化水，炸药。

操作程序：

（1）将炸药桶按炸药类型分类摆放整齐。

（2）用铜制克丝钳起开密封炸药桶盖，打开炸药包装袋。

（3）按工艺要求用量筒称量软化水，缓慢地、均匀地倒入炸药桶内。

（4）将炸药包装袋封好，盖上桶盖。

（5）清理现场。

（6）填写“炸药加湿”记录。

操作安全提示：

（1）搬运炸药要轻拿轻放，将炸药桶放置稳定后方可进行操作。

（2）劳动保护用品穿戴整齐并释放静电。

56. 点检混浆机。

准备工作：

（1）正确穿戴劳动保护用品并释放静电。

（2）设备准备：混浆机。

（3）工器具准备：扳手，螺丝刀。

操作程序：

（1）检查旋转手柄带动混合桶架是否运转自如。

（2）检查提升机构润滑是否良好。

（3）检查开关按钮是否启动灵活。

（4）检查紧固螺栓是否松动。

（5）检查刮刀是否磨损。

（6）检查刮刀臂润滑是否良好。

（7）检查完毕后，清理现场，回收工器具。

操作安全提示：

正确使用工器具，防止磕碰。

57. 点检提升装置。

准备工作：

（1）正确穿戴劳动保护用品并释放静电。

（2）设备准备：提升装置。

（3）工器具准备：扳手，螺丝刀。

操作程序：

（1）检查气动葫芦装置气压表指示是否正常。

（2）检查气动葫芦导链和挂钩是否完好。

（3）检查分装桶底部阀门关闭是否良好。

（4）检查承重绳是否完好。

（5）检查固定环是否完好。

（6）检查完毕后，清理现场，回收工器具。

操作安全提示：

正确使用工器具，防止磕碰。

58. 混浆操作。

准备工作：

（1）正确穿戴劳动保护用品并释放静电。

（2）设备准备：混浆机。

（3）工器具、材料准备：台秤，混浆桶，量筒，炸药，软化水，添加剂 A，添加剂 B，添加剂 C，移动车。

操作程序：

（1）接通混浆机电源。

（2）校准台秤，将混浆桶放置在台秤上，将炸药放入混浆桶内按工艺要求称量准确，用移动车将混浆桶推至混浆机正下方，用量筒按工艺比例加入软化水。

（3）将混浆机防护栅罩顺时针旋至打开位置。

（4）将混浆桶架下降至混浆桶的连接处，把混浆桶安装在桶架上并锁紧，安装混合桨和刮刀。

（5）将混浆桶升至混合位置，混浆机防护栅罩旋至关闭位置。

（6）混浆机调至 1 挡，按“启动”键，运转混浆机，混制 10min。

(7) 按照工艺规定比例将添加剂 A 和添加剂 B 加入混浆桶中混制 60min。

(8) 按照工艺规定比例将添加剂 C 加入混浆桶中混制 20min。

(9) 混合完毕后，按“停止”按钮，停止混制。

(10) 切断混浆机电源。

(11) 填写“导爆索混浆记录”“导爆索生产质量跟踪卡”。

操作安全提示：

(1) 正确穿戴劳动保护用品并释放静电。

(2) 混浆桶安装稳固，防止出现松动、滑落。

(3) 搬运混浆桶过程中要平稳放置，防止砸伤。

59. 药浆装罐操作。

准备工作：

(1) 正确穿戴劳动保护用品并释放静电。

(2) 设备准备：提升装置。

(3) 工器具、材料准备：刮板，药浆罐，药浆罐固定架，销子，分装桶，移动车，清洁工具。

操作程序：

(1) 将移动车放置于混浆桶正下方，打开防护栅罩。

(2) 降低混浆桶高度，使混浆桶落在移动车上，打开锁紧装置。

(3) 取下刮刀、混合桨，用刮板将药浆清理干净，放到指定位置备用。

(4) 用移动车将混浆桶移到分装桶提升位置。

(5) 移动吊索，调整导链位置，把承重绳挂在防护钩上，用销子将承重绳和混浆桶连接牢固。

（6）将混浆桶升至分装桶上方，将药浆倒入分装桶内，用刮板清理干净。

（7）降低混浆桶，放回移动车上，推到指定位置，将吊索移动至指定位置。

（8）将药浆罐与其固定架分开，把药浆罐罐体放置在分装桶下方，打开分装桶阀门，药浆缓慢流入药浆罐中，当药浆距罐口 2 ～ 3cm，关闭阀门。

（9）药浆罐罐体固定在药浆罐固定架上，罐嘴向上倾斜放置在移动车上，清理药浆罐表面浮药，用盖子盖上药浆罐罐嘴。

（10）清洁分装桶、刮刀、混合桨及工作区。

（11）填写“导爆索生产质量跟踪卡”。

操作安全提示：

（1）操作前检查吊索是否完好，防止吊索升降时重物脱落砸伤。

（2）药浆罐在推车上放置平稳，防止坠落砸伤。

（3）装卸药浆罐过程中，轻拿轻放，防止坠落砸伤。

60. 装卸药浆罐操作。

准备工作：

（1）正确穿戴劳动保护用品并释放静电。

（2）工器具、材料准备：木质台阶垫板，移动车，清洁海绵，橡胶套。

操作程序：

（1）取下药浆罐罐嘴盖子，搬起药浆罐，站在木质台阶垫板上，将药浆罐罐嘴垂直倒插入编织机锥顶的橡胶套筒内，药浆罐上的进气嘴朝向编织机进气软管方向。

（2）药浆罐垂直放置，旋紧固定螺母，扣紧两侧的卡扣，并用橡胶套拉紧。

（3）将进气软管连接到药浆罐进气嘴上。

（4）用清洁海绵清洁药浆罐表面药浆。

（5）当药浆编织完时，站在木质台阶垫板上，将药浆罐进气嘴上的软管拔掉。

（6）取下橡胶套，打开两侧卡扣，旋松螺母，卸下药浆罐。

（7）将药浆罐依次放在移动车上，推回混浆区。

操作安全提示：

（1）装卸药浆罐过程中，轻拿轻放，避免砸伤。

（2）踩踏木质台阶垫板时，要步伐平稳，避免摔伤。

61. 点检编织机。

准备工作：

（1）正确穿戴劳动保护用品并释放静电。

（2）设备准备：编织机。

（3）工器具、材料准备：扳手，张力计，润滑油。

操作程序：

（1）检查上下锭清洁润滑良好。

（2）检查上下锭弹簧张力保持一致。

（3）检查锥顶模具通道畅通，位置深浅适度。

（4）检查压实装置功能是否正常。

（5）检查编织机防护罩是否完好。

（6）检查干燥轮是否完好。

（7）检查药浆罐安装是否牢固，气路连接是否完好。

（8）检查各紧固部件紧固良好。

操作安全提示：

正确使用工器具，防止磕碰。

62. 编织导爆索操作。

准备工作：

（1）正确穿戴劳动保护用品并释放静电。

（2）设备准备：编织机。

（3）工器具、材料准备：剪刀，张力计，直径表，铜质铲刀。

操作程序：

（1）按工艺要求正确连接丝线，用张力计检查丝线张力。

（2）接通编织机电源和干燥轮电源。

（3）将离合手柄推到启动位置，启动编织机，观察空索编织情况，调整丝线张力，满足工艺要求。

（4）打开气阀门，导爆索开始编织，测量导爆索直径，调节压力，使导爆索编织直径达到工艺要求。

（5）每隔10min测量一次导爆索直径，调整压力，确保直径符合工艺要求。

（6）药浆罐内药浆编完后，关闭气阀门，编织两圈空索。

（7）将离合器手柄推到断开位置，关闭编织机。

（8）切断编织机、干燥轮电源。

（9）清理编织机表面，用铜质铲刀清洁残留在压实轮周围的药浆，清理工作现场。

（10）填写“导爆索编织记录”“导爆索生产质量跟踪卡”。

操作安全提示：

（1）编织机运转过程中，严禁将手、头伸入编织机旋转区域。

⑵ 及时清理编织机表面药浆，防止药浆进入编织机旋转系统。

⑶ 进入编织工作区，佩戴耳塞，防止对听力造成伤害。

63. 烘干收线操作。

准备工作：

⑴ 正确穿戴劳动保护用品并释放静电。

⑵ 干燥间内温、湿度符合技术指标。

⑶ 工器具准备：专用剪刀，周转轮。

操作程序：

⑴ 接通电源及气源。

⑵ 将收线机移动至干燥轮正前方，将周转轮安装在收线机上。

⑶ 用专用剪刀将导爆索末端空索剪断，连接到收线机周转轮上，并手动缠绕两圈，确保缠在周转轮上的导爆索不松动。

⑷ 打开收线机电源、气源开关，根据大轮上导爆索位置调整收线机。

⑸ 收线完成后，关闭收线机电源、气源开关，在空索处剪断导爆索，卸下周转轮，将剪断的导爆索连接在烘干轮上。

⑹ 切断电源及气源。

⑺ 清理操作现场。

操作安全提示：

⑴ 将周转轮安装紧固，防止收线过程中周转轮坠落砸伤。

⑵ 正确穿戴劳动保护用品，防止吸入炸药粉尘。

64. 序检操作。

准备工作：

（1）正确穿戴劳动保护用品并释放静电。

（2）设备准备：序检机。

（3）工器具、材料准备：专用剪刀，连接线，引线，周转轮。

操作程序：

（1）接通检验机电源，检查检验机防护罩。

（2）打开检验机开关，检查计数轮转动是否自如，显示器是否正常。

（3）校准探测器。

（4）将待检验的导爆索轮安装在放线架上。

（5）将空周转轮安装在检验机上。

（6）将导爆索按照正确顺序穿过检验机，连接到空周转轮上。

（7）调整计数器归零，按“启动”按钮，开始自动检验导爆索。

（8）导爆索直径不符合要求时，检验机自动停止，探测器亮灯；用专用剪刀剪掉有缺陷的部分，挤出端头炸药，用连接线连好，手动转动周转轮使产品通过探测器。

（9）按下复位按钮，探测器灯灭，继续检验。

（10）检验完成后，在导爆索末端连接 30m 长的引线。

（11）卸下检验好的导爆索和周转轮并放到指定位置。

（12）检验完毕后，关闭检验机开关，切断电源。

（13）清理工作现场，填写“导爆索序检记录”“导爆索生产质量跟踪卡”。

操作安全提示：

(1) 严禁使用非专用工具切断导爆索。

(2) 检验过程中，确保周转轮安装稳固，防止周转轮脱落砸伤。

(3) 正确穿戴劳动保护用品，防止吸入炸药粉尘。

65. 启动挤涂机操作。

准备工作：

(1) 正确穿戴劳动保护用品。

(2) 设备准备：挤涂机。

(3) 材料准备：涂层材料。

操作程序：

(1) 接通挤涂机电源。

(2) 打开挤涂机开关。

(3) 按照工艺规定要求设定温度和螺杆转速。

(4) 将涂层材料加入挤涂机料斗中。

(5) 将挤涂机控制柜上的“自动 / 手动”按钮调到“手动”位置，检查放线装置、收线装置和自动切断拉出功能是否正常。

(6) 待温度升至设定值时，挤出涂层材料，检查挤出功能是否正常。

(7) 将挤涂机控制柜上的“自动 / 手动”按钮调到“自动”位置，检查真空泵、冷却装置和吹干装置功能是否正常。

操作安全提示：

(1) 正确穿戴劳动保护用品并释放静电。

(2) 清理挤涂头时，防止皮肤接触。

66. 挤涂导爆索操作。

准备工作：

（1）正确穿戴劳动保护用品并释放静电。

（2）设备准备：挤涂机。

（3）工器具、材料准备：铜丝，周转轮。

操作程序：

（1）打开激光测径仪开关。

（2）在放线架上安装缠有导爆索的周转轮，在收线架上安装空周转轮。

（3）用铜丝勾住导爆索引线从放线轮依次经过压力感应轮、压实装置、爆轰切断装置、自动切断拉出装置、挤涂头、导爆索切断装置、冷却装置、吹干装置、激光检测装置，连接到空周转轮上。

（4）打开真空吸附气阀、冷却水开关（保持冷却水槽内的水位能浸没导爆索）、空气吹干气阀。

（5）挤涂机调到自动状态，按下“启动”按钮，开始自动挤涂，根据直径变化，调整收线速度，控制导爆索挤涂直径。

（6）挤涂结束后，关闭冷却水开关、空气吹干气阀、真空吸附气阀，卸下放线架和收线架上的周转轮。

（7）挤涂完成后，取出料斗中剩余材料。

（8）挤涂机调到手动状态，挤出机器内的残存涂层材料，清洁挤涂头及加热管。

（9）关闭激光检测仪、关闭挤涂机，切断挤涂机电源、气源。

（10）清理工作现场，填写“导爆索挤涂记录”“导爆索生产质量跟踪卡”。

操作安全提示：

（1）挤涂头内炸药要及时清理干净。

（2）正确穿戴劳动保护用品，防止吸入有害气体。

（3）禁止手接触挤出头。

67. 喷码、终检及导爆索分轮操作。

准备工作：

（1）正确穿戴劳动保护用品并释放静电。

（2）设备准备：喷码机、分轮机。

（3）工器具、材料准备：胶带，专用防爆剪刀。

操作程序：

（1）接通喷码机电源、气源开关。

（2）将缠有导爆索的周转轮安装在放线架上，周转轮安装在收线架上。

（3）接通终检收线气机开关。

（4）接通分轮机电源，打开气源开关。

（5）将包装轮固定在分轮机上，并锁紧。

（6）用专用剪刀剪除导爆索前端不合格产品，将导爆索按顺序从放线架通过激光测径装置和检验规后，用胶带封住导爆索端口，再依次通过喷码机的喷印区和排线装置，把导爆索连接到分轮机包装轮上，用胶带固定。

（7）启动喷码机，根据导爆索型号设置相应的喷码标识和时间。

（8）按“开始喷印”键，开始喷印。

（9）在导爆索通过检验规检验直径时，观察导爆索外观，确认无凸起、无气泡、无砂眼、无裂纹、无扭折、无破损。

（10）当直径和外观不合格时，停止检验，用专用剪刀剪除不合格段，用胶带封好两端端头，并用胶带连接。

(11) 喷印完毕后按下分轮机计数重置键并卸下包装轮，将包装轮定置摆放。

(12) 切断喷码机电源，切断分轮机电源。

(13) 清理工作现场，填写“导爆索打印终检记录”“导爆索生产质量跟踪卡”。

操作安全提示：

(1) 严禁使用非专用工具切断导爆索。

(2) 正确穿戴劳动保护用品，做好安全防护。

68. 包装导爆索操作。

准备工作：

(1) 正确穿戴劳动保护用品并释放静电。

(2) 工器具、材料准备：胶带，手持喷码机，包装箱，合格证，条形码。

操作程序：

(1) 按照工艺要求使用手持喷码机标识包装箱。

(2) 填写合格证，将合格证粘贴在包装轮上。

(3) 将粘贴有合格证的包装轮轻轻地放入相对应的包装箱中，包装轮上粘贴有合格证的一面朝上，用胶带封住箱口，封牢包装箱。

(4) 在包装箱两侧粘贴条形码。

(5) 清理工作现场，填写“导爆索包装记录”“导爆索生产质量跟踪卡”。

操作安全提示：

(1) 操作过程中轻拿轻放导爆索轮，防止磕碰。

(2) 包装过程中防止坠落砸伤。

(3) 正确穿戴劳动保护用品。

二、常见故障判断处理

1. 混粉机故障有什么现象？故障原因是什么？如何处理？

故障现象：

混粉机停止转动。

故障原因：

（1）皮带脱落；

（2）皮带断裂。

处理方法：

（1）重新固定皮带，使皮带与传动轮啮合；

（2）更换皮带。

2. 筛粉机故障有什么现象？故障原因是什么？如何处理？

故障现象：

（1）筛出粉有结块；

（2）筛出粉颗粒大小不同。

故障原因：

（1）筛网有破损；

（2）投入粉材过多。

处理方法：

（1）更换筛网；

（2）控制投入粉材量。

3. 粉材干湿度不均匀的原因是什么？如何处理？

故障原因：

（1）晾粉薄厚不均；

（2）晾粉时间较短。

处理方法：

（1）控制晾粉厚度在30mm以下，平铺在晾粉盘内；

（2）增加晾粉时间或晾粉室温度。

4. 粉末罩压机控制部分故障有什么现象？故障原因有哪些？如何处理？

故障现象：

压机动作停止或异常。

故障原因：

（1）小型继电器触点损坏；

（2）可编程控制器（PLC）点位损坏；

（3）按钮损坏；

（4）频率表、计数器损坏；

（5）传感器损坏或线断。

处理方法：

（1）更换小型继电器；

（2）修改程序；

（3）更换按钮；

（4）更换频率表、计数器；

（5）更换传感器或将断线重新连接。

5. 粉末罩压机液压电磁阀故障有什么现象？故障原因有哪些？如何处理？

故障现象：

（1）压机憋压有明显异响；

（2）压机动作停止。

故障原因：

（1）电磁阀弹簧断裂；

(2) 电磁阀进油口杂质堵塞。

处理方法：

(1) 更换电磁阀弹簧；

(2) 拆开电磁阀，找出堵塞杂质，进行清理，原位装回。

6. 粉末罩压机电动机故障原因有哪些？如何处理？

故障原因：

(1) 电动机缺相；

(2) 电动机线圈损坏。

处理方法：

(1) 查找电动机所缺具体相，进行补相；

(2) 更换电动机。

7. 粉末罩压机柱塞泵常见故障有什么现象？故障原因有哪些？如何处理？

故障现象：

(1) 输出压力不足；

(2) 柱塞泵不转或转动不灵活。

故障原因：

(1) 缸体与配流盘之间，柱塞与缸孔之间严重磨损；

(2) 外泄漏；

(3) 柱塞与缸体卡死，后者装配不当，柱塞球头折断。

处理方法：

(1) 修磨接触面，重新调整间隙或更换配流盘和柱塞；

(2) 紧固各连接处，更换油封和油封垫等；

(3) 拆卸冲洗，重新装配更换柱塞和有关零件。

8. 粉末罩压机为什么会出现爬行现象？如何处理？

故障原因：

(1) 缸体内有空气侵入；

⑵ 液压缸的端盖处密封圈压得太紧或太松；

⑶ 活塞与活塞杆同轴度不好；

⑷ 液压缸安装后与导轨不平行；

⑸ 活塞杆弯曲；

⑹ 液压缸运动零件之间间隙过大；

⑺ 液压缸内径直线型差（鼓形、锥形等）；

⑻ 缸内腐蚀、拉毛。

处理方法：

⑴ 应增设排气装置或者使液压缸以最大行程快速运动，强迫排除空气；

⑵ 应调整密封圈使之有适当的松紧度，保证活塞杆能用手来回平稳地拉动而无泄漏；

⑶ 应校正、调整；

⑷ 应进行调整或重新安装；

⑸ 应校直活塞杆；

⑹ 应减小配合间隙；

⑺ 应修复，重配活塞；

⑻ 应去掉锈蚀和毛刺，严重时应镗磨。

9. 粉末罩压机液压缸工作时出现漏油现象是什么原因？如何处理？

故障原因：

⑴ 密封圈老化、损坏；

⑵ 在使用过程中，因密封圈磨损、破坏或使用压缩后产生永久性变形；

⑶ 装配有问题（缸盖装偏、紧固螺钉松紧不一，使得缸筒与缸盖接合部位产生外泄漏）；

⑷ 工作中由于振动使得连接螺钉松动，造成漏油；

（5）制造质量有问题（沟槽精度超差或有毛刺、活塞杆表面粗糙度不合格、活塞杆头部倒角不符合要求）；

（6）液压油本身有问题（油液中渗有乳化液、油温过高）；

（7）放气孔处密封不好。

处理方法：

（1）更换密封圈；

（2）重新安装缸盖，并注意使螺钉受力均匀；

（3）检查并拧紧连接螺钉；

（4）相应采取措施，提高加工质量，保证设计要求；

（5）更换合适的液压油，并排除使油升温的原因，确保使用合适的油温；

（6）拆开检查后，密封好。

10. 粉末罩压机液压系统为什么会产生振动现象？如何处理？

故障原因：

（1）液压泵：吸入空气，安装位置过高，吸油阻力大，齿轮齿形精度不够，叶片卡死断裂，柱塞卡死不灵活，零件磨损使间隙过大；

（2）液压油：液位太低，吸油管插入液面深度不够，油液黏度太大，过滤堵塞；

（3）溢流阀：阻尼孔堵塞，阀芯和阀座配合间隙过大，弹簧失效；

（4）其他阀芯移动不灵活；

（5）管道：管道细长，没有固定装置，互相碰击，吸油管与回油管太近；

（6）电磁铁：电磁铁焊接不良，弹簧过硬或损坏，阀芯在阀体内卡住；

(7) 机械：液压泵与电动机联轴器不同轴或松动，运动部件停止时有冲击，换向缺少阻尼，电动机振动。

处理方法：

(1) 更换进油口密封，吸油管管口至泵吸油口高度应小于500mm，保证吸油管直径，修复或更换损坏零件；

(2) 吸油管加长浸入到规定深度，更换合适黏度的液压油，清洗过滤器；

(3) 清洗阻尼孔，修配阀芯与阀座间隙，更换弹簧；

(4) 清洗、去毛刺；

(5) 增设固定装置，扩大管道间距离及吸油管和回油管距离；

(6) 重新焊接，更换弹簧，清洗及研配阀芯和阀体；

(7) 保证泵轴与电动机轴同轴度误差不大于0.1mm，采用弹性联轴器，紧固螺钉，设阻尼或缓冲装置，电动机作平衡处理。

11. 粉末罩罩重不符合工艺要求有什么现象？故障原因有哪些？如何处理？

故障现象：

(1) 罩重略高或略低；

(2) 罩重过高或过低。

故障原因：

(1) 振动次数或抬头气缸压力调节不当；

(2) 模具型腔间隙过大或过小。

处理方法：

(1) 适当调节振动次数和负压，直至罩重符合工艺要求；

（2）根据罩的实际重量情况，先更换调重小销钉，再适当调节振动次数和负压，直至罩重符合工艺要求。

12. 粉末罩壁厚差不符合工艺要求有什么现象？故障原因有哪些？如何处理？

故障现象：

所测壁厚差（罩壁厚度的最大值与最小值的差）不小于0.05mm。

故障原因：

（1）粉材干湿不均匀；

（2）模具的凹模和凸模匹配度低；

（3）振动工装的振幅较小。

处理方法：

（1）更换干湿均匀的粉材；

（2）重新调配模具；

（3）更换合适的振动气缸顶头螺母（高度不同），或松动两侧固定工装的挡块，或在工装小底板下合适部位垫薄垫片。

13. 粉末罩顶端厚度不符合工艺要求有什么现象？故障原因有哪些？如何处理？

故障现象：

（1）粉末罩顶端有台阶；

（2）粉末罩顶端有凹陷。

故障原因：

（1）顶出销杆选取不当；

（2）工装与压头之间垫片厚度不当。

处理方法：

（1）更换合适顶出销杆；

（2）适当增减工装与压头之间垫片厚度，直至顶端厚度符合工艺要求。

14. 粉末罩外观质量不合格有什么现象？故障原因有哪些？如何处理？

故障现象：

（1）粉末罩内、外表面不清洁；

（2）粉末罩内、外表面有裂纹、压痕、缺失；

（3）粉末罩内、外表面有杂质。

故障原因：

（1）粉斗内渗入油污，或工装使用时间长，间隙过大，使润滑油渗入模具内；

（2）模具选配不当或模具存在质量缺陷；

（3）粉材内含有杂质。

处理方法：

（1）拆卸模具，对模具进行清理，同时将粉斗内粉材取出，过筛后使用；更换新工装。

（2）选取模具前要先检查模具是否有缺陷，然后更换无缺陷模具重新装配，直至外观无裂纹、压痕。

（3）对使用粉材先目测检查，情况严重时重新用60目筛网筛选。

15. 气动防爆门故障有什么现象？故障原因有哪些？如何处理？

故障现象：

（1）气动防爆门关闭后打不开；

（2）气动防爆门打开后关不上。

故障原因：

（1）控制气缸开、关门动作的外部继电器失灵；

（2）气动电磁阀失灵；

（3）气缸损坏；

（4）滑轨上有障碍物；

（5）气管线漏气或损坏。

处理办法：

（1）更换小型继电器；

（2）修理或更换气动电磁阀；

（3）更换气缸；

（4）清理滑轨上的障碍物；

（5）更换气管线。

16. 四柱液压机顶出故障有什么现象？故障原因有哪些？如何处理？

故障现象：

顶出动作失灵。

故障原因：

（1）控制顶出缸的外部小型继电器损坏；

（2）控制顶出缸的电磁阀损坏；

（3）顶出按钮动作失灵；

（4）顶出器损坏；

（5）顶出限位传感器位置不当。

处理方法：

（1）更换控制顶出缸的小型继电器；

（2）修理或更换控制顶出缸的电磁阀；

（3）修理顶出按钮，检查是否断路；

（4）更换顶出器；

（5）调整顶出限位传感器至合适位置。

17. 造成四柱液压机液压油油温过高的原因有哪些？如何处理？

故障原因：

(1) 油箱内油量不足；

(2) 压机运转时间过长；

(3) 循环水未开启或冷却器内水量不足。

处理方法：

(1) 补足液压油，使液位面高于液位计最低位置；

(2) 关闭液压机，待油温降到正常值后再运行使用；

(3) 开启循环水，保持冷却器内水量充足，管路通畅。

18. 射孔弹压制中裂罩主要原因有哪些？如何处理？

故障原因：

(1) 粉末罩与凸模不匹配或罩小端顶部有台阶；

(2) 粉末罩强度较差；

(3) 粉末罩与模具不匹配；

(4) 扶正套比粉末罩大或操作手法不当使粉末罩未放平。

处理方法：

(1) 重新选配模具，对有缺陷的粉末罩进行更换或返修；

(2) 更换粉末罩；

(3) 重新选配模具；

(4) 更换扶正套，使之与粉末罩相匹配，对操作人员进行操作技术培训。

19. 射孔弹粉末罩内壁有药点主要原因有哪些？如何处理？

故障原因：

(1) 浮药粘于凸模上；

(2) 操作手手套粘药不慎掉入粉末罩内。

处理方法:

(1) 及时发现，及时清理凸模;

(2) 清理或更换手套。

20. 射孔弹粉末罩内壁有胶水主要原因有哪些？如何处理？

故障原因:

涂胶操作不当或胶量过多导致流胶。

处理方法:

用铜制工具清除胶体，并对操作手进行教育培训。

21. 射孔弹壳体镀层脱落主要原因有哪些？如何处理？

故障原因:

壳体镀层存在质量缺陷，压制过程中受力出现脱落。

处理方法:

情况轻微，予以挑出，判定为不合格品，定置存放；情况严重，该批次壳体停止使用，等待复检，已生产的判定为不合格品。

22. 喷码机无法正常启动故障原因有哪些？如何处理？

故障原因:

(1) 喷码机油墨回收管发生堵塞;

(2) 喷码机喷头、喷嘴发生堵塞;

(3) 电路故障。

处理方法:

(1) 用溶剂清洗喷码机油墨回收管;

(2) 用溶剂清洗喷码机喷头、喷嘴。

(3) 检查电路。

23. 喷码机喷印内容字符缺失、不清楚的故障原因有哪些？如何处理？

故障原因：

（1）喷码机油墨回收管积墨；

（2）喷码机充电极或偏转板积墨；

（3）喷头盖喷印槽积墨或有异物附着；

（4）墨水压力过高或过低；

（5）墨水变质；

（6）喷嘴发生轻微堵塞；

（7）传送带速度过快；

（8）喷头发生位移。

处理方法：

（1）清洗油墨回收管或更换回收过滤网；

（2）清洗充电极及偏转板周围油墨；

（3）清除积墨或异物；

（4）调整墨水压力至正常值；

（5）更换合格的油墨；

（6）执行喷嘴逆清洗；

（7）调整传动带速度；

（8）调整喷头位置。

24. 喷码机喷嘴堵塞的故障原因有哪些？如何处理？

故障原因：

（1）墨水干涸；

（2）喷嘴周围存在大量固结的油墨。

处理方法：

（1）开机进行多次回冲程序；

（2）执行喷嘴逆清洗。

25. 对喷码机喷头进行清洗调试时，喷码机高压保护无法启动的故障原因有哪些？如何处理？

故障原因：

（1）喷头周围用于清洗的溶剂没有完全挥发干，导致喷头及高压包周围潮湿；

（2）喷头护筒内壁上用于清洗的溶剂没有完全挥发干，导致喷头及高压包周围潮湿。

处理方法：

（1）待喷码机关机后，用洗气球吹干喷头及高压包周围没有挥发的溶剂直至没有液体溶剂存在；

（2）待喷码机关机后，用洗气球吹干喷头护筒内壁上的溶剂直至没有液体溶剂存在。

26. 打包机在打包过程中出现打包不连续或不工作的故障原因有哪些？如何处理？

故障原因：

（1）传感器表面存在灰尘，无法接收到信号，导致无法连续打包；

（2）传感器位置没有调整好，无法接收到信号，导致打包机无法连续打包；

（3）传感器反光板位置没有调整好；

（4）控制继电器损坏，无法打包。

处理方法：

（1）清除传感器表面灰尘，使传感器可以接收到信号；

（2）重新调整传感器位置并进行调试；

（3）调整传感器反光板位置；

（4）更换新的控制继电器。

27. 打包机在打包过程中滚动轮发生反转或停止不动的故障原因有哪些？如何处理？

故障原因：

(1) 打包机滚动轮控制电动机三相接线柱接线方式有误，导致滚动轮发生反转；

(2) 打包机滚动轮控制电动机线圈发生损坏。

处理方法：

(1) 断开控制电源，重新按照要求对电动机进行接线；

(2) 更换打包机控制电动机线圈。

28. 打包机在打包过程中出现的故障原因有哪些？如何处理？

故障原因：

(1) 打包带卡在送带轴之间，导致卷带；

(2) 打包带在卷带轮上出现打结缠绕现象，导致导带槽内无打包带；

(3) 打包带质量不好，导致打包带劈裂卡带。

处理方法：

(1) 按“RESET”按钮切除部分打包带，重新进行上带；

(2) 先进行停机，切除卷带轮上打结缠绕部分的打包带，重新进行上带；

(3) 先进行停机，打开传送侧板，挑出被卷打包带并切除，重新进行上带。

29. 导爆索编织时出现编织层扭曲原因是什么？如何解决？

故障原因：

(1) 导爆索编织层若为逆时针扭曲，则表明上梭丝线张力过大；

（2）导爆索编织层若为顺时针扭曲，则表明下梭丝线张力过大。

处理方法：

（1）用张力计测量上梭丝线张力，并调整，直至编织层扭曲现象消失；

（2）用张力计测量下梭丝线张力，并调整，直至编织层扭曲现象消失。

30. 导爆索编织时出现横截面椭圆形原因是什么？如何解决？

故障原因：

（1）干燥轮收线拉力过大；

（2）丝线轴安装方式不正确。

处理方法：

（1）降低干燥轮收线气压压力；

（2）检查丝线轴安装方式，改正错误的丝线轴安装方式。

31. 编织机不启动原因有哪些？如何解决？

故障原因：

（1）电源异常断开；

（2）丝线轴没有正确安装在梭子上；

（3）编织机变频器没有启动。

处理方法：

（1）在配电柜中闭合编织机电源开关；

（2）检查编织丝线轴安装方式，确保编织机丝线轴安装正确；

（3）启动编织机电源后，编织机仍然不运转，再检查编织机变频器的工作状态，确保编织机设定转速、启动方式正确或者关闭编织机电源5s左右，重新启动编织机电源。

32. 导爆索编织过程中断线是什么原因？如何解决？

故障原因：

（1）丝线轴安装方式不正确；

（2）丝线轴在编织机上松动；

（3）上梭丝线轴编织过程中出现拉丝；

（4）上下梭子、棘轮及其他部件磨损严重；

（5）部分上、下梭子运转时配合不好。

处理方法：

（1）逐个检查丝线轴安装方式，改正安装方式错误的丝线轴；

（2）调整线轴套杆，使丝线轴不松动，如果没有效果，更换梭子套杆；

（3）摘除丝线上出现的丝线拉丝；

（4）更换配合不好的上、下梭子，磨损的棘轮及其他零部件。

33. 在导爆索编织结束编织空索过程中，不泄压是什么原因造成的？如何处理？

故障原因：

（1）编织机压力开关没关闭；

（2）压力线路堵塞；

（3）药浆罐进气嘴堵塞。

处理方法：

（1）关闭编织机压力开关；

（2）从混浆罐接口处卸下压力线路，用水清洗线路口处的药浆；

(3) 用扳手卸下药浆罐压力接头，用铜针疏通药浆罐压力接头接口，并清洗混浆灌压力接头。

34. 挤涂过程中，涂层厚度不均匀是怎么造成的？如何处理？

故障原因：

(1) 螺杆挤出速度设置不合理；

(2) 收线轮收线速度波动。

处理方法：

(1) 根据导爆索型号设置螺杆挤出速度，挤涂过程中根据挤出情况进一步调整；

(2) 按工艺规程将导爆索连接在收线轮上，确保连接方法正确，根据产品型号，调整排线器，确保收线过程中在收线轮上排线均匀。

35. 挤涂过程中，造成涂层出现杂质斑点的主要原因是什么？如何解决？

故障原因：

(1) 使用尼龙或者色母材料有杂质；

(2) 挤涂机内原来涂层料清理不彻底；

(3) 尼龙受潮。

处理方法：

(1) 更换不同批次材料进行实验，确保使用相匹配的涂层材料；

(2) 延长挤涂开始前的挤料时间，确保残留在挤涂机内的剩料清理干净；

(3) 尼龙进行烘干处理，在 100℃烘箱中烘干 2 ～ 3h 后进行挤涂。

36. 挤涂机直径控制过程中，直径不在控制范围有哪些原因？如何解决？

故障原因：

（1）激光测径仪被冷却水挡住，测量不准确；

（2）在控制面板上，收线速度调节过快或者过慢。

处理方法：

（1）清理激光测径仪表面的冷却水，确保直径显示方式及读数正确；

（2）根据产品型号、激光测径仪测量读数，调节控制面板上的收线速度调节旋钮；调整排线器，确保收线过程中在收线轮上排线均匀。

37. 挤涂过程中，导爆索涂层出现“骨节”原因有哪些？如何解决？

故障原因：

（1）周转轮损坏，呈椭圆形，旋转非匀速；

（2）挤涂装置收线排线节距调节不合理；

（3）导爆索在挤涂装置上连接顺序不合理。

处理方法：

（1）停止挤涂操作，更换合格周转轮；

（2）调节光杆排线器，根据导爆索型号选择合适的排线节距；

（3）检查导爆索连接顺序，确保连接顺序正确。

38. 混浆过程中，药浆中有结块或不均匀的主要原因是什么？如何解决？

故障原因：

（1）混浆过程中有杂质混入；

（2）加入添加剂量、方法不正确。

处理方法：

(1) 取出混入炸药中的杂质；

(2) 按照工艺规程加入添加剂，添加剂要经过溶解后加入药浆中。

39. 混浆过程中，混浆机停止工作原因有哪些？如何解决？

故障原因：

(1) 混浆机电源异常断开；

(2) 混浆机内置齿轮松懈，齿轮之间没有啮合；

(3) 混浆机定时出现错误。

处理方法：

(1) 检查混浆机电源，确保混浆机通电正常；

(2) 打开混浆机后盖，紧固混浆机齿轮系统；

(3) 重新设置浆机定时系统，将混浆机定时设置拨到“HOLD”位置。

40. 序检岗收线过程中，导致产品浪费的原因有哪些？如何处理？

故障原因：

(1) 收线过程中，导爆索卡在排线器的缝隙中；

(2) 收线过程中，排线器排线效果不好；

(3) 收线过程中，收干燥轮两端的导爆索时没有及时移动收线装置。

处理方法：

(1) 收线过程中，加强收线的检测，出现导爆索夹在缝隙中时立即取出导爆索；

(2) 检查排线器，进行排线器的调整，确保排线器工作稳定；

(3) 收线过程中，根据干燥轮上导爆索位置，及时移动收线装置。

41. 喷码机喷嘴堵塞，原因有哪些？如何处理？

故障原因：

(1) 喷码机长时间没有启动，喷码机内部管路没有循环导致墨水干涸造成喷嘴堵塞；

(2) 喷嘴周围积墨。

处理方法：

(1) 有墨线，但墨线位置偏移，每次都可能在不同的位置，通过多次回冲程序连续开关喷嘴，并使用螺丝刀调整喷头位置，直至墨线进入回收槽。

(2) 没有墨线，需要拆卸喷嘴，具体清理方法如下：先观察喷嘴两侧是否粘有异物，如有异物，用细针轻轻清理；然后将喷嘴用稀盐酸浸泡 3min；最后放入装有清洗液的超声波清洗装置中清洗 10min。

42. 喷码机回收管路堵塞，原因有哪些？如何处理？

故障原因：

(1) 喷码机没有执行正确的关机操作；

(2) 喷码机长时间没有启动，喷码机内部管路没有循环造成回收管路堵塞。

处理方法：

(1) 执行正确关机步骤，关机后，等待喷码机自动清洗结束，再关闭电源。

(2) 回收管路堵塞后，卸开喷码机回收管路连接处，找出回收管路，用气压进行通气处理；向回收管路中滴入清洗液并浸泡 10min 后，再用气压通气处理；喷码机长时间停止运转之前，用清洗液将整个回收管路进行清洗，并通过气压将回收管路中的清洗液吹出。